コグトレ計算ドリルの特長

この計算ドリルには，立命館大学教授 宮口幸治先生 ，くみがプラスされています。これにより計算力を含めた5つ きます。

JN026480

5つの力 UP!

ドリルで高める力	コグトレで高める力

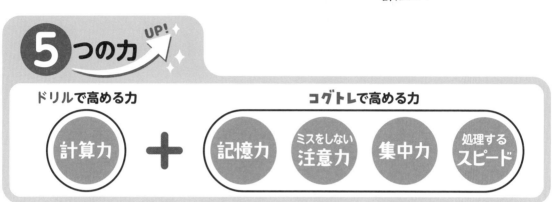

計算力 ＋ 記憶力　ミスをしない注意力　集中力　処理するスピード

コグトレとは

　コグトレ とは，「コグニティブエンハンスメントトレーニング」の略称です。日本語にすると，「認知機能強化訓練」となります。この認知機能は，

記憶　注意　知覚　言語理解　推論判断　などを指し，

これらの機能を強化すると，記憶力，注意力，想像力，速く処理する力など学習に必要な基礎力がつきます。認知機能はまさに，算数，国語，理科といった教科学習の土台といえます。ところが，認知機能の強化トレーニングは学校ではしてくれません。

この部分は学校で教えてくれるけど

ここは教えてくれない

教科学習：国語　算数　理科　社会　英語

認知機能：記憶　注意　知覚　言語理解　推論判断

認知機能は学習の土台　なのに…

だから 楽しく

コグトレで，認知機能を強化しましょう！

コグトレの詳しい情報はコチラ

もくじ

小2 コグトレ 計算ドリル(けいさん)

📖 本書に関する最新情報は, 小社ホームページにある本書の「サポート情報」をご覧ください。(開設していない場合もございます。)
なお, この本の内容についての責任は小社にあり, 内容に関するご質問は直接小社におよせください。

1 たし算 ①

→ 答えは 74 ページ

1 計算を しましょう。

❶ 53+30

❷ 24+62

❸ 13+24

❹ 71+27

❺ 42+50

❻ 35+43

❼ 62+35

❽ 17+52

❾ 62+26

❿ 57+11

⓫ 21+52

⓬ 66+31

⓭ 79+20

⓮ 38+40

2 たし算 ②

➡ 答えは 74 ページ

1 計算を しましょう。

❶ 28+2　　　❷ 43+7　　　❸ 53+9

❹ 24+8　　　❺ 36+5　　　❻ 67+4

❼ 83+9　　　❽ 76+7　　　❾ 48+5

❿ 64+8　　　⓫ 56+5　　　⓬ 37+4

⓭ 24+9　　　⓮ 75+8

＋コグトレ

▶ ❾〜⓮の 答えは 下の あんごうカードを つかって ひらがなの 組み合わせを 解答らんに 書きましょう。

（れい：25 だと「うか」）

解答らん

❾		❿	
⓫		⓬	
⓭		⓮	

あんごうカード

0：あ　1：い　2：う　3：え

4：お　5：か　6：き　7：く

8：け　9：こ

3 ひき算 ①

1 計算を しましょう。

❶ 47−30

❷ 33−12

❸ 56−41

❹ 78−65

❺ 69−13

❻ 67−26

❼ 84−50

❽ 42−21

❾ 65−33

❿ 53−42

⓫ 97−84

⓬ 36−20

⓭ 48−16

⓮ 99−63

合かく 12こ

 合かく 5こ

計算 正答数 こ / 14こ

＋コグトレ 正答数 こ / 6こ

4 ひき算 ②

➡ 答えは 74 ページ

1 計算を しましょう。

❶ 21−5　　❷ 64−8　　❸ 65−8

❹ 33−7　　❺ 23−9　　❻ 76−7

❼ 84−9　　❽ 91−5　　❾ 43−8

❿ 45−6　　⓫ 62−3　　⓬ 51−8

⓭ 43−9　　⓮ 75−7

＋コグトレ

▶ ❾〜⓮の 答えは 下の あんごうカードを つかって ひらがなの 組み合わせを 解答らんに 書きましょう。

（れい：25 だと「うか」）

解答らん

❾		❿	
⓫		⓬	
⓭		⓮	

あんごうカード

0：あ 1：い 2：う 3：え

4：お 5：か 6：き 7：く

8：け 9：こ

5 まとめテスト ①

➡ 答えは 75 ページ

1 計算を しましょう。

❶ 13+9

❷ 45+7

❸ 54+20

❹ 33+8

❺ 25+6

❻ 82+12

❼ 65+9

❽ 15+80

❾ 26+71

❿ 79+2

⓫ 44+7

⓬ 68+10

⓭ 59+6

⓮ 47+52

【　月　日】

6 まとめテスト ②

合かく 12こ

計算 正答数

こ

14こ

➡ 答えは 75 ページ

1 計算を しましょう。

❶ 26−9

❷ 73−7

❸ 47−13

❹ 54−7

❺ 70−2

❻ 95−6

❼ 83−42

❽ 48−33

❾ 67−8

❿ 56−9

⓫ 81−60

⓬ 39−17

⓭ 76−8

⓮ 92−50

7 たし算の ひっ算 ①

1 計算を しましょう。

❶
$$\begin{array}{r} 26 \\ +\ 3 \\ \hline \end{array}$$

❷
$$\begin{array}{r} 18 \\ +50 \\ \hline \end{array}$$

❸
$$\begin{array}{r} 4 \\ +45 \\ \hline \end{array}$$

❹
$$\begin{array}{r} 70 \\ +26 \\ \hline \end{array}$$

❺
$$\begin{array}{r} 54 \\ +\ 2 \\ \hline \end{array}$$

❻
$$\begin{array}{r} 35 \\ +60 \\ \hline \end{array}$$

❼
$$\begin{array}{r} 3 \\ +42 \\ \hline \end{array}$$

❽
$$\begin{array}{r} 20 \\ +49 \\ \hline \end{array}$$

❾
$$\begin{array}{r} 72 \\ +\ 7 \\ \hline \end{array}$$

❿
$$\begin{array}{r} 73 \\ +10 \\ \hline \end{array}$$

⓫
$$\begin{array}{r} 8 \\ +51 \\ \hline \end{array}$$

⓬
$$\begin{array}{r} 30 \\ +46 \\ \hline \end{array}$$

8 たし算の ひっ算 ②

合かく 10こ
合かく 5こ
計算 正答数 ／12こ
＋コグトレ 正答数 ／6こ

➡ 答えは 75 ページ

1 計算を しましょう。

❶　　23
　　＋　8

❷　　　2
　　＋59

❸　　84
　　＋　7

❹　　　4
　　＋66

❺　　36
　　＋　7

❻　　　4
　　＋79

❼　　42
　　＋　9

❽　　　7
　　＋85

❾　　56
　　＋　5

❿　　　8
　　＋34

⓫　　79
　　＋　3

⓬　　　7
　　＋23

＋コグトレ

▶ ❼～⓬の 答えは 下の あんごうカードを つかって ひらがなの
　組み合わせを 解答らんに 書きましょう。
　（れい：25 だと「うか」）

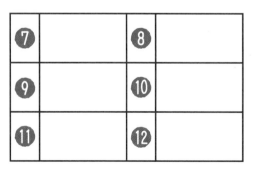

解答らん		あんごうカード
❼	❽	0：あ　1：い　2：う　3：え
❾	❿	4：お　5：か　6：き　7：く
⓫	⓬	8：け　9：こ

9 たし算の ひっ算 ③

【　月　日】

合かく 6こ　合かく 3こ

計算 正答数 ／8こ　＋コグトレ 正答数 ／4こ

➡ 答えは 76 ページ

1 計算を しましょう。

❶
```
  43
+18
```

❷
```
  56
+27
```

❸
```
  29
+45
```

❹
```
  62
+29
```

❺
```
  17
+43
```

❻
```
  27
+65
```

❼
```
  78
+15
```

❽
```
  53
+38
```

✂

プラス ＋コグトレ ・・・

▶ ❺〜❽の 答えは 下の あんごうカードの 🍎の 数を, スタートから 数えて, 答えの リンゴの 場しょの あんごうを 解答らんに 書きましょう。

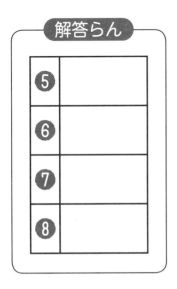

解答らん

❺	
❻	
❼	
❽	

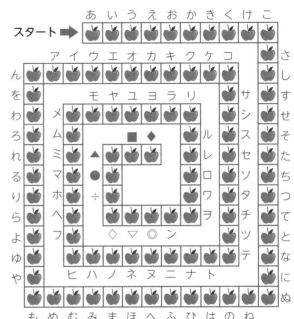

あんごうカード

10 ひき算の ひっ算 ①

【　　月　　日】

→ 答えは 76 ページ

1 計算を しましょう。

❶
```
  6 5
- 2 0
```

❷
```
  8 9
- 1 7
```

❸
```
  4 4
- 2 1
```

❹
```
  5 8
- 2 3
```

❺
```
  7 6
- 5 2
```

❻
```
  9 4
- 3 0
```

❼
```
  3 7
- 2 6
```

❽
```
  6 9
- 5 3
```

❾
```
  7 8
- 6 4
```

❿
```
  8 6
- 3 3
```

⓫
```
  4 8
- 2 5
```

⓬
```
  9 9
- 4 2
```

ひき算の ひっ算 ②

➡ 答えは 76 ページ

合かく 10こ　合かく 5こ
計算 正答数 12こ　➕コグトレ 正答数 6こ

1 計算を しましょう。

❶
```
  24
-  6
```

❷
```
  30
-  5
```

❸
```
  92
-  7
```

❹
```
  50
-  7
```

❺
```
  82
-  4
```

❻
```
  55
-  7
```

❼
```
  47
-  9
```

❽
```
  40
-  2
```

❾
```
  85
-  8
```

❿
```
  61
-  3
```

⓫
```
  73
-  5
```

⓬
```
  90
-  2
```

➕コグトレ ·······································

▶ ❼〜⓬の 答えは 下の あんごうカードを つかって ひらがなの 組み合わせを 解答らんに 書きましょう。

（れい：25 だと「うか」）

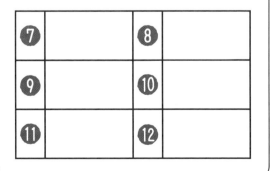

解答らん		あんごうカード

❼		❽	
❾		❿	
⓫		⓬	

あんごうカード

0：あ　1：い　2：う　3：え

4：お　5：か　6：き　7：く

8：け　9：こ

12 ひき算の ひっ算 ③

合かく 6こ － 合かく 3こ

計算 正答数 こ / 8こ ＋コグトレ 正答数 こ / 4こ

➡ 答えは 76 ページ

1 計算を しましょう。

① 62
－34

② 46
－38

③ 74
－16

④ 93
－27

⑤ 66
－39

⑥ 91
－57

⑦ 35
－19

⑧ 72
－56

＋コグトレ

▶ ⑤〜⑧の 答えは 下の あんごうカードの 🍎の 数を，スタートから 数えて，答えの リンゴの 場しょの あんごうを 解答らんに 書きましょう。

解答らん

⑤	
⑥	
⑦	
⑧	

あんごうカード

スタート➡

あ い う え お か き く け こ

ア イ ウ エ オ カ キ ク ケ コ　さ　し

ん　　　　モ ヤ ユ ヨ ラ リ　　サ　す
を　　メ　　　　　　　　ル　シ　せ
わ　ム　　　■ ◆　　　レ　ス　そ
ろ　ミ　　▲　　　　　ロ　セ　た
れ　マ　　●　　　　　ワ　ソ　ち
る　ホ　　÷　　　　　ヲ　タ　つ
り　ヘ　　　　　　　　　チ　て
ら　フ　　◇ ▽ ◎ ン　　ツ　と

よ　　　　　　　　　　　　テ　な
ゆ　　　ヒ ハ ノ ネ ヌ ニ ナ ト　　に
や　　　　　　　　　　　　　　ぬ

も め む み ま ほ へ ふ ひ は の ね

—14—

【 月 日】
合かく 10こ
計算 正答数
こ
12こ
13 まとめテスト ③
→ 答えは 77 ページ

1 計算を しましょう。

① 14
  +30

② 25
  +13

③ 63
  +24

④ 32
  +47

⑤ 25
  + 5

⑥ 33
  + 8

⑦ 82
  + 9

⑧ 46
  + 4

⑨ 16
  +25

⑩ 37
  +14

⑪ 79
  +15

⑫ 53
  +27

【　月　　日】

14 まとめテスト ④

➡ 答えは 77 ページ

1 計算を しましょう。

① 　35
　 −20

② 　49
　 −13

③ 　56
　 −34

④ 　77
　 −45

⑤ 　21
　 − 6

⑥ 　80
　 − 2

⑦ 　33
　 − 6

⑧ 　65
　 − 9

⑨ 　44
　 −17

⑩ 　56
　 −28

⑪ 　72
　 −17

⑫ 　97
　 −69

15 長さの 計算 ①

→ 答えは 77 ページ

1 計算を しましょう。

❶ 24 cm+3 cm

❷ 6 mm+2 mm

❸ 3 cm 5 mm+4 cm

❹ 5 cm 7 mm+9 cm

❺ 4 cm 3 mm+5 mm

❻ 6 cm 2 mm+8 mm

❼ 50 cm 5 mm+10 cm 2 mm

1 cm は 10 mm だね。

プラス
＋コグトレ ・・・・・・・・・・・・・・・・・・・・・・・・・・・・・・

▶ 計算した あとに, 答えの 長さが 長い じゅんに もんだいの
番ごうを 書きましょう。

← 長 い	みじかい →

( ) ( ) ( ) ( ) ( ) ( ) ( )

16 長さの 計算 ②

➡ 答えは 77 ページ

1 計算を しましょう。

❶ 55 cm−6 cm

❷ 14 mm−7 mm

❸ 9 cm 3 mm−7 cm

❹ 5 cm 2 mm−4 cm

❺ 8 cm 7 mm−4 mm

❻ 6 cm 9 mm−9 mm

❼ 13 cm 5 mm−12 cm 2 mm

プラス ＋コグトレ ・・

▶ 計算した あとに, 答えの 長さが 長い じゅんに もんだいの 番ごうを 書きましょう。

◀━━━ 長 い 　　　　　　　　　　　　 みじかい ━━━▶

(　　)(　　)(　　)(　　)(　　)(　　)(　　)

17 かさの 計算 ①

1 計算を しましょう。

❶ 2 L＋1 L

❷ 4 dL＋6 dL

❸ 1 L 3 dL＋2 dL

❹ 2 L 5 dL＋4 dL

❺ 1 L 3 dL＋7 dL

❻ 3 L 4 dL＋1 L 2 dL

❼ 1 L 5 dL＋1 L 3 dL

プラス ＋コグトレ ....

▶計算した あとに，答えの かさが 多い じゅんに もんだいの 番ごうを 書きましょう。

← 多い　　　　　　　　　少ない →

(　　)(　　)(　　)(　　)(　　)(　　)(　　)

18 かさの 計算 ②

→ 答えは 78 ページ

1 計算を しましょう。

❶ 5 L−2 L

❷ 8 dL−3 dL

❸ 2 L 7 dL−5 dL

❹ 3 L 4 dL−2 dL

❺ 4 L 5 dL−5 dL

❻ 2 L 6 dL−1 L 3 dL

❼ 3 L 9 dL−3 L 4 dL

プラス ＋コグトレ ･･

▶ 計算した あとに，答えの かさが 多い じゅんに もんだいの 番ごうを 書きましょう。

← 多 い ／ 少ない →

( ) ( ) ( ) ( ) ( ) ( )

( )

19 時間の 計算 ①

1 つぎの 時こくを もとめましょう。

❶ 9時30分の 1時間後　　　　[　　　　　　　　]

❷ 3時15分の 2時間前　　　　[　　　　　　　　]

❸ 11時20分の 10分後　　　　[　　　　　　　　]

❹ 1時40分の 20分前　　　　[　　　　　　　　]

❺ 6時58分の 30分前　　　　[　　　　　　　　]

❻ 10時35分の 17分後　　　　[　　　　　　　　]

＋コグトレ

▶ もとめた あとに, 時計に ❶〜❸の 時こくの 長い はりを かきましょう。

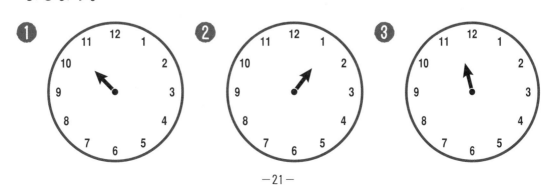

20 時間の 計算 ②

➡ 答えは 78 ページ

合かく 5こ
合かく 4こ
計算 正答数 ／6こ
➕ コグトレ 正答数 ／6こ

1 つぎの 時間を もとめましょう。

❶ 8時から 10時まで

[   ]

❷ 4時から 11時まで

[   ]

❸ 7時30分から 8時まで

[   ]

❹ 3時10分から 3時50分まで

[   ]

❺ 10時15分から 10時35分まで

[   ]

❻ 11時9分から 11時57分まで

[   ]

プラス
➕ コグトレ ・・

▶ もとめた あとに, 答えの 時間が 長い じゅんに もんだいの 番ごうを 書きましょう。

⬅ 長い   みじかい ➡

(   )(   )(   )(   )(   )(   )

1 計算を しましょう。

❶ 7 cm 6 mm＋2 cm

❷ 6 cm 5 mm＋4 mm

❸ 7 cm 4 mm−5 cm

❹ 12 cm 3 mm−1 mm

❺ 2 L 4 dL＋6 dL

❻ 4 L 8 dL−2 dL

❼ 2 L−5 dL

22 まとめテスト ⑥

1 つぎの 時こくや 時間を もとめましょう。

❶ 8 時 20 分の 2 時間後の 時こく

[   ]

❷ 1 時 30 分の 18 分後の 時こく

[   ]

❸ 7 時 51 分の 32 分前の 時こく

[   ]

❹ 3 時から 3 時 15 分までの 時間

[   ]

❺ 2 時 25 分から 2 時 50 分までの 時間

[   ]

❻ 9 時 16 分から 9 時 48 分までの 時間

[   ]

23 100を こえる 数 ①

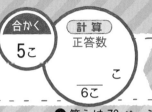

→答えは 79 ページ

1 数を 数字で 書きましょう。

❶ 100を 3こ, 10を 7こ 合わせた 数

[   ]

❷ 100を 5こ, 1を 2こ 合わせた 数

[   ]

❸ 100を 8こ, 10を 9こ, 1を 5こ 合わせた 数

[   ]

❹ 100を 2こ, 10を 7こ, 1を 3こ 合わせた 数

[   ]

❺ 百のくらいの 数字が 4, 十のくらいの 数字が 3, 一のくらいの 数字が 8

[   ]

❻ 百のくらいの 数字が 9, 十のくらいの 数字が 0, 一のくらいの 数字が 6

[   ]

24 100を こえる 数 ②

➡ 答えは 79 ページ

合かく 6こ	合かく 5こ
計算 正答数 7こ	➕コグトレ 正答数 7こ

1 数を 数字で 書きましょう。

❶ 10 を 47こ あつめた 数

[   ]

❷ 100 を 8こ あつめた 数

[   ]

❸ 10 を 55こ あつめた 数

[   ]

❹ 10 を 60こ あつめた 数

[   ]

❺ 100 を 10こ あつめた 数

[   ]

❻ 899 より 1 大きい 数

[   ]

❼ 500 より 1 小さい 数

[   ]

プラス ➕コグトレ ....

▶ 答えを 書いた あとに，答えの 数が 小さい じゅんに もんだい の 番ごうを 書きましょう。

← 小さい	大きい →

( ) ( ) ( ) ( ) ( ) ( ) ( )

【　　月　　　日】

合かく 12こ

合かく 12こ

計算 正答数 □／14こ

＋コグトレ 正答数 □／14こ

25 たし算 ③

➡ 答えは80ページ

1 計算を しましょう。

❶ 80+50   ❷ 90+40

❸ 20+90   ❹ 60+70

❺ 50+60   ❻ 80+60

❼ 90+30   ❽ 40+80

❾ 200+200   ❿ 500+400

⓫ 400+200   ⓬ 300+600

⓭ 500+300   ⓮ 200+800

＋コグトレ ……………………………………………………

▶ 計算した あとに, 下の 答えの （　　）に あてはまる もんだいの 番ごうを 書きましょう。

110 （　　）（　　）
120 （　　）（　　）
130 （　　）（　　）（　　）
140 （　　）
400 （　　）
600 （　　）
800 （　　）
900 （　　）（　　）
1000 （　　）

—27—

26 ひき算 ③

➡ 答えは80ページ

合かく 12こ　合かく 12こ

計算 正答数 ／14こ　＋コグトレ 正答数 ／14こ

1 計算を しましょう。

❶ 150−60

❷ 120−40

❸ 130−50

❹ 180−90

❺ 120−60

❻ 140−80

❼ 110−70

❽ 160−90

❾ 800−200

❿ 400−100

⓫ 900−800

⓬ 500−300

⓭ 700−500

⓮ 1000−400

＋コグトレ

▶ 計算した あとに，下の 答えの （　　）に あてはまる もんだいの 番ごうを 書きましょう。

40 （　　）

60 （　　）（　　）

70 （　　）

80 （　　）（　　）

90 （　　）（　　）

100 （　　）

200 （　　）（　　）

300 （　　）

600 （　　）（　　）

【 月 日】

合かく
6こ

合かく
6こ

計算
正答数

こ
7こ

＋コグトレ
正答数

こ
7こ

27 長さの 計算 ③

➡ 答えは 80 ページ

1 計算を しましょう。

❶ 2 m+5 m

❷ 3 m+40 cm

❸ 1 m 20 cm+60 cm

❹ 3 m 50 cm+5 m

❺ 3 m 30 cm+1 m 50 cm

❻ 4 m 10 cm+6 m 20 cm

❼ 2 m 30 cm+4 m 70 cm

＋コグトレ（プラス）

▶ 計算した あとに, 下の ものさしの 目もりに ↑と もんだいの 番ごうを 書きましょう。1めもりは 10 cmと します。
（れい：❽ 答え 1 m 50 cmの 場合）

0　　　　　　　5m　　　　　　　10m

❽

—29—

【　　月　　日】

28 長さの 計算 ④

合かく 6こ　合かく 6こ

計算 正答数 　こ / 7こ

＋コグトレ 正答数 　こ / 7こ

→ 答えは 80 ページ

❶ 計算を しましょう。

❶ 6 m−4 m

❷ 3 m 50 cm−30 cm

❸ 6 m 40 cm−2 m

❹ 3 m 80 cm−1 m 50 cm

❺ 6 m 30 cm−2 m 20 cm

❻ 5 m 40 cm−3 m 40 cm

❼ 5 m−2 m 60 cm

プラス ＋コグトレ ・・・・・・・・・・・・・・・・・・・・・・・・・・・・・・・・・・・・・・

▶ 計算した あとに, 下の ものさしの 目もりに ↑と もんだいの
番ごうを 書きましょう。1めもりは 10 cmと します。

（れい：❽ 答え 1 m 50 cmの 場合）

➡ 答えは 81 ページ

1 計算を しましょう。

① 7+(6+4)

② 6+(8+2)

③ 5+(9+1)

④ 8+(3+7)

⑤ 9+(5+5)

⑥ 4+(7+3)

⑦ 21+(4+6)

⑧ 39+(3+7)

⑨ 53+(9+1)

⑩ 13+(8+2)

⑪ 46+(7+3)

⑫ 66+(6+4)

⑬ 78+(5+5)

⑭ 87+(4+6)

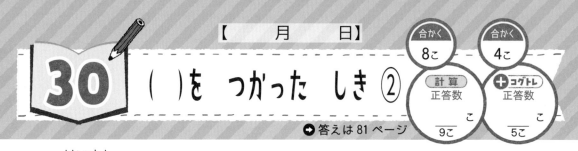

【　月　日】

30　（　）を　つかった　しき②

合かく 8こ　　合かく 4こ

計算 正答数　　　こ　／9こ

＋コグトレ 正答数　　　こ　／5こ

➡ 答えは 81 ページ

1 計算を　しましょう。

❶ 25+(3+2)　　❷ 32+(19+1)　　❸ 16+(15+5)

❹ 68+(23+7)　　❺ 27+(26+4)　　❻ 40+(30+30)

❼ 14+(57+3)　　❽ 47+(49+1)　　❾ 55+(1+4)

プラス
＋コグトレ ••

▶ ❺〜❾の　答えは　下の　あんごうカードの　🍎の　数を，スタート
から　数えて，答えの　リンゴの　場しょの　あんごうを　解答らんに
書きましょう。

解答らん

❺	
❻	
❼	
❽	
❾	

あんごうカード

スタート➡　あ　い　う　え　お　か　き　く　け　こ

ア　イ　ウ　エ　オ　カ　キ　ク　ケ　コ　　さ

ん　　　　　　モ　ヤ　ユ　ヨ　ラ　リ　　　し　　　し
を　　　メ　　　　　　　　　　　サ　　　す
わ　　　ム　　　　　　■　　◆　　シ　　せ
ろ　　　ミ　　　▲　　　　　　ス　ル　そ
れ　　　マ　　　●　　　　　　　セ　レ　た
る　　　ホ　　　÷　　　　　　ソ　ロ　ち
り　　　ヘ　　　　　　　　　　タ　ワ　つ
ら　　　フ　　　◇　▽　◎　ン　チ　ヲ　て
よ　　　　　　　　　　　　　　　ツ　　と
ゆ　　　　　ヒ　ハ　ノ　ネ　ヌ　ニ　ナ　テ　な

や　　　　　　　　　　　　　　　　　　ぬ

も　め　む　み　ま　ほ　へ　ふ　ひ　は　の　ね

1 数を 数字で 書きましょう。

❶ 10 を 53 こ あつめた 数

[   ]

❷ 100 を 4 こ, 1 を 7 こ 合わせた 数

[   ]

❸ 百のくらいの 数字が 2, 十のくらいの 数字が 8, 一のくらいの 数字が 1

[   ]

2 計算を しましょう。

❶ 3 m 20 cm+2 m 60 cm

❷ 4 m 90 cm−30 cm

❸ 2 m 40 cm−2 m 10 cm

【　　月　　日】

32 まとめテスト⑧

合かく
12こ

計算
正答数

＿＿こ
14こ

➡ 答えは81ページ

1 計算を しましょう。

❶ 30+90

❷ 80+70

❸ 70+70

❹ 200+500

❺ 170−80

❻ 150−70

❼ 800−400

❽ 69+(6+4)

❾ 34+(9+1)

❿ 56+(7+3)

⓫ 88+(4+6)

⓬ 45+(13+2)

⓭ 16+(16+4)

⓮ 33+(17+33)

➡ 答えは 82 ページ

1 計算を しましょう。

❶
```
   46
+ 92
```

❷
```
   50
+ 76
```

❸
```
   35
+ 83
```

❹
```
   67
+ 52
```

❺
```
   85
+ 73
```

❻
```
   22
+ 87
```

❼
```
   80
+ 57
```

❽
```
   48
+ 81
```

❾
```
   75
+ 73
```

❿
```
   14
+ 90
```

⓫
```
   74
+ 90
```

⓬
```
   81
+ 95
```

34 たし算の ひっ算 ⑤

➡ 答えは 82 ページ

1　計算を しましょう。

❶
```
   98
+ 26
```

❷
```
   57
+ 74
```

❸
```
   58
+ 84
```

❹
```
   97
+ 35
```

❺
```
   78
+ 46
```

❻
```
   36
+ 84
```

❼
```
   82
+ 39
```

❽
```
   46
+ 68
```

➕コグトレ

▶ ❺〜❽は 計算した あとに，百のくらいの 数字を とった 数の 🍎の 数を，スタートから 数えて，その あんごうを 解答らんに 書きましょう。（れい：答えが 152 なら，52の あんごうを さがす。答えは 「カ」）

解答らん

❺	
❻	
❼	
❽	

あんごうカード

スタート ➡

あ い う え お か き く け こ
ア イ ウ エ オ カ キ ク ケ コ さ
ん し
を モ ヤ ユ ヨ ラ リ サ す
わ メ ル シ せ
ろ ム ■ ◆ レ ス そ
れ ミ ▲ ロ セ た
る マ ● ÷ ワ ソ ち
り ホ ヲ タ つ
ら へ ◇ ▽ ◎ ン チ て
よ フ ツ と
ゆ テ な
や ヒ ハ ノ ネ ヌ ニ ナ ト に
ぬ
も め む み ま ほ へ ふ ひ は の ね

35 たし算の ひっ算 ⑥

合かく 5こ

コグトレ 正答数 ___ こ / 6こ

➡ 答えは 82 ページ

コグトレ ・・

▶ たて，よこ，ななめの 2つの 数字を たすと 100に なる ものが 2つずつ あります。それらを さがして，◯◯で かこみましょう。

❶
15	17	85
37	15	82
28	72	47

❷
44	17	63
54	22	32
46	88	78

❸
72	74	22
37	36	68
64	15	85

❹
76	14	85
24	96	5
4	88	94

❺
12	17	97
87	13	83
86	77	33

❻
18	5	97
95	38	13
52	68	62

36 たし算の ひっ算 ⑦

1 計算を しましょう。

❶
```
  2 1 3
+   4 5
```

❷
```
  3 7 3
+   2 6
```

❸
```
  7 0 4
+   5 2
```

❹
```
  5 2 8
+   3 4
```

❺
```
  4 1 9
+   7 3
```

❻
```
  1 4 8
+   2 5
```

❼
```
  6 3 3
+   4 9
```

❽
```
  2 4 8
+   2 5
```

プラス コグトレ

▶ ❺〜❽は 計算した あとに, 百のくらいの 数字を とった 数の 🍎の 数を, スタートから 数えて, その あんごうを 解答らんに 書きましょう。

解答らん

❺	
❻	
❼	
❽	

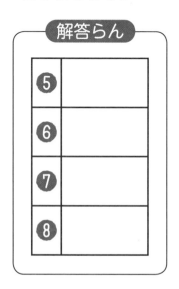

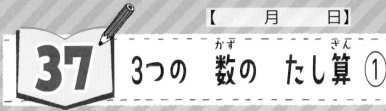

1 計算を しましょう。

①
```
   1 6
   4 1
 + 3 0
```

②
```
   2 2
   1 4
 + 5 3
```

③
```
   1 5
   3 8
 + 2 4
```

④
```
   3 1
   4 2
 + 5 3
```

⑤
```
   1 4
   3 3
 + 5 2
```

⑥
```
   6 6
   7 2
 + 5 1
```

⑦
```
   5 4
   1 2
 + 4 3
```

⑧
```
   1 7
   3 3
 + 4 4
```

⑨
```
   1 1
   4 2
 + 2 6
```

2つの 数の ときと
同じように
計算しよう。

—39—

38 3つの 数の たし算 ②

➡答えは 83 ページ

1 計算を しましょう。

❶
```
   4 8
   5 6
 + 3 7
```

❷
```
   2 8
   7 7
 + 3 9
```

❸
```
   6 8
   8 2
 + 1 4
```

❹
```
   7 4
   5 5
 + 4 6
```

❺
```
   3 5
   6 4
 + 2 3
```

❻
```
   6 7
   3 4
 + 5 1
```

❼
```
   8 7
   7 2
 + 1 8
```

❽
```
   6 9
   1 9
 + 4 8
```

＋コグトレ

▶❺〜❽は 計算した あとに, 百のくらいの 数字を とった 数の 🍎の 数を, スタートから 数えて, その あんごうを 解答らんに 書きましょう。

解答らん

❺	
❻	
❼	
❽	

あんごうカード

スタート➡

```
      あ い う え お か き く け こ
      ア イ ウ エ オ カ キ ク ケ コ   さ
  ん                                し
  を          モ ヤ ユ ヨ ラ リ       サ す
  わ     メ                  ル      シ せ
  ろ     ミ      ■  ◆         レ     ス そ
  れ     マ    ▲             ロ     セ た
  る     ホ    ●             ワ     ソ ち
  り     ヘ    ÷             ヲ     タ つ
  ら     フ                        チ て
  よ          ◇ ▽ ◎ ン            ツ と
  ゆ                                テ な
  や     ヒ ハ ノ ネ ヌ ニ ナ ト         に
                                    ぬ
      も め む み ま ほ へ ふ ひ は の ね
```

→ 答えは 83 ページ

1 計算を しましょう。

❶
```
  1 2 3
- 　7 2
```

❷
```
  1 3 7
- 　6 5
```

❸
```
  1 0 8
- 　2 6
```

❹
```
  1 5 5
- 　6 3
```

❺
```
  1 1 9
- 　9 7
```

❻
```
  1 0 7
- 　5 4
```

❼
```
  1 7 8
- 　8 4
```

❽
```
  1 6 5
- 　9 2
```

❾
```
  1 4 4
- 　6 3
```

❿
```
  1 0 5
- 　3 1
```

⓫
```
  1 2 6
- 　4 3
```

⓬
```
  1 3 9
- 　5 2
```

40 ひき算の ひっ算⑤

合かく 6こ ー 合かく 3こ

計算 正答数 こ ／8こ

＋コグトレ 正答数 こ ／4こ

➡ 答えは 83 ページ

1 計算を しましょう。

❶
```
  116
-  87
```

❷
```
  135
-  69
```

❸
```
  142
-  56
```

❹
```
  143
-  76
```

❺
```
  123
-  47
```

❻
```
  150
-  85
```

❼
```
  181
-  92
```

❽
```
  154
-  96
```

プラス ＋コグトレ ・・・・・・・・・・・・・・・・・・・・・・・・・・・・・・・・・・・・

▶ ❺〜❽の 答えは 下の あんごうカードの 🍎の 数を, スタートから 数えて, 答えの リンゴの 場しょの あんごうを 解答らんに 書きましょう。

解答らん

❺	
❻	
❼	
❽	

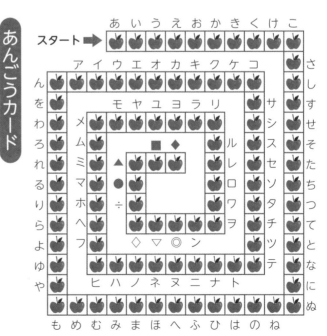

41 ひき算の ひっ算 ⑥

合かく 6こ ／ 合かく 3こ

計算 正答数 ／ 8こ

コグトレ 正答数 ／ 4こ

➡ 答えは 84 ページ

1 計算を しましょう。

❶ 　１０３
　－　４８

❷ 　１０２
　－　５３

❸ 　１０７
　－　６９

❹ 　１０１
　－　７２

❺ 　１０５
　－　８８

❻ 　１０６
　－　　９

❼ 　１００
　－　４３

❽ 　１００
　－　８２

プラス コグトレ ・・・

▶ ❺～❽の 答えは 下の あんごうカードの 🍎の 数を, スタートから 数えて, 答えの リンゴの 場しょの あんごうを 解答らんに 書きましょう。

解答らん

❺	
❻	
❼	
❽	

あんごうカード

スタート➡

あ い う え お か き く け こ

ア イ ウ エ オ カ キ ク ケ コ　さ

ん　　　　　　　　　　　　　　し

を　　　モ ヤ ユ ヨ ラ リ　　サ　す

わ　メ　　　　　　　　　　ル　シ　せ

ろ　ム　　　■　◆　　　　レ　ス　そ

れ　ミ　▲　　　　　　　ロ　セ　た

る　マ　●　　　　　　　ワ　ソ　ち

り　ホ　÷　　　　　　　ヲ　タ　つ

ら　ヘ　　　　　　　　　　チ　て

よ　フ　◇ ▽ ◎ ン　　　ツ　と

ゆ　　　　　　　　　　　　　な

や　　ヒ ハ ノ ネ ヌ ニ ナ ト　に

　　　　　　　　　　　　　　　ぬ

も め む み ま ほ へ ふ ひ は の ね

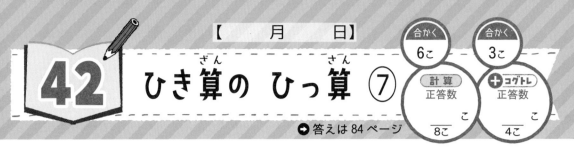

42 ひき算の ひっ算 ⑦

❶ 計算を しましょう。

① 　274
　－　52

② 　687
　－　25

③ 　456
　－　30

④ 　361
　－　28

⑤ 　793
　－　69

⑥ 　560
　－　37

⑦ 　661
　－　53

⑧ 　342
　－　25

＋コグトレ

▶ ⑤～⑧は 計算した あとに，百のくらいの 数字を とった 数の
🍎の 数を，スタートから 数えて，その あんごうを 解答らんに
書きましょう。

解答らん

⑤	
⑥	
⑦	
⑧	

あんごうカード

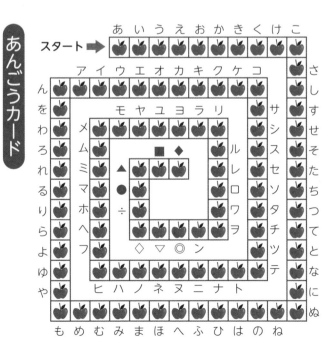

【　　月　　日】

43 まとめテスト ⑨

➜ 答えは 84 ページ

1 計算を しましょう。

❶
```
   64
+ 85
─────
```

❷
```
   17
+ 92
─────
```

❸
```
   86
+ 33
─────
```

❹
```
   25
+ 85
─────
```

❺
```
   65
+ 49
─────
```

❻
```
   16
+ 85
─────
```

❼
```
  362
+  15
─────
```

❽
```
  429
+  36
─────
```

❾
```
  516
+  37
─────
```

❿
```
   76
   51
+ 37
─────
```

⓫
```
   58
   42
+ 37
─────
```

⓬
```
   26
   66
+ 88
─────
```

【　　月　　日】

合かく　10こ

計算 正答数

＿＿こ

12こ

44 まとめテスト ⑩

➡ 答えは 84 ページ

1 計算を しましょう。

①
```
  154
-  71
```

②
```
  189
-  94
```

③
```
  135
-  73
```

④
```
  169
-  85
```

⑤
```
  147
-  73
```

⑥
```
  118
-  32
```

⑦
```
  106
-  77
```

⑧
```
  103
-  98
```

⑨
```
  100
-  75
```

⑩
```
  527
-  16
```

⑪
```
  641
-  29
```

⑫
```
  365
-  38
```

1 □に　あてはまる　数を　書きましょう。

❶
```
   3 □
 + □ 3
 ─────
   8 5
```

❷
```
   2 □
 + □ 1
 ─────
   6 7
```

❸
```
   □ 6
 + 2 □
 ─────
   5 9
```

❹
```
   □ 2
 + 1 □
 ─────
   9 4
```

❺
```
   5 □
 + □ 4
 ─────
   6 4
```

❻
```
   □ 3
 + 4 □
 ─────
   7 6
```

一のくらいから
考えよう。

46 たし算の 虫食い算 ②

➡ 答えは85ページ

コグトレ ・・

▶ あんごうカードを 見ながら □に あてはまる カタカナを 書きましょう。

❶
```
   3 □
 + □ 8
 ─────
   9 4
```

❷
```
   3 □
 + □ 3
 ─────
   5 1
```

❸
```
   3 □
 + □ 4
 ─────
   8 0
```

❹
```
   1 □
 + □ 9
 ─────
   4 6
```

❺
```
   □ 6
 + 5 □
 ─────
   9 2
```

❻
```
   □ 7
 + 2 □
 ─────
   6 5
```

あんごうカード

ア：0 イ：1 ウ：2 エ：3 オ：4

カ：5 キ：6 ク：7 ケ：8 コ：9

【　月　　日】

47 たし算の　虫食い算 ③

合かく
5こ

計算
正答数

こ

6こ　こ

➡答えは85ページ

1 □に　あてはまる　数を　書きましょう。

❶
```
  7 □
+ □ 3
─────
1 2 7
```

❷
```
  2 □
+ □ 6
─────
1 0 9
```

❸
```
  □ 2
+ 7 □
─────
1 6 4
```

❹
```
  □ 8
+ 8 □
─────
1 5 1
```

❺
```
  6 □
+ □ 4
─────
1 0 3
```

❻
```
  □ 9
+ 9 □
─────
1 8 6
```

48 たし算の　虫食い算④

➡ 答えは85ページ

コグトレ ・・・・・・・・・・・・・・・・・・・・・・・・・・・・・・・・・・・・

▶あんごうカードを　見ながら　□に　あてはまる　カタカナを　書きましょう。

❶
```
  □ □ 4
+     1 □
─────────
  2 4 9
```

❷
```
  3 2 □
+     □ 3
─────────
  □ 8 4
```

❸
```
  □ □ 4
+     2 □
─────────
  5 7 7
```

❹
```
  6 □ 8
+     3 □
─────────
  □ 7 1
```

❺
```
  3 4 □
+     □ 9
─────────
  □ 9 6
```

❻
```
  □ 1 □
+     □ 3
─────────
  8 5 0
```

あんごうカード

ア：0　イ：1　ウ：2　エ：3　オ：4

カ：5　キ：6　ク：7　ケ：8　コ：9

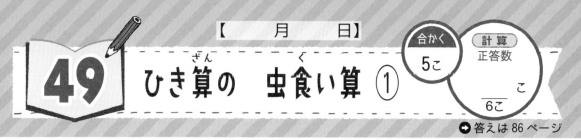

49 ひき算の　虫食い算 ①

→ 答えは 86 ページ

1 □に　あてはまる　数を　書きましょう。

❶
```
   6 □
 - □ 1
 ────
   1 5
```

❷
```
   8 □
 - □ 3
 ────
   2 2
```

❸
```
   □ 7
 - 1 □
 ────
   4 1
```

❹
```
   □ 9
 - 3 □
 ────
   5 4
```

❺
```
   5 □
 - □ 4
 ────
   3 4
```

❻
```
   □ 7
 - 2 □
 ────
   7 3
```

50 ひき算の　虫食い算②

➡ 答えは 86 ページ

コグトレ・・

▶あんごうカードを　見ながら　□に　あてはまる　カタカナを　書きましょう。

❶
```
  □4
- 3□
----
  4 8
```

❷
```
  □3
- 2□
----
  1 5
```

❸
```
  6□
- □8
----
  2 3
```

❹
```
  9□
- □7
----
  3 6
```

❺
```
  7□
- □3
----
  2 7
```

❻
```
  □6
- 5□
----
    9
```

あんごうカード

ア：0　イ：1　ウ：2　エ：3　オ：4

カ：5　キ：6　ク：7　ケ：8　コ：9

どれも　くり下がりが　あるよ。

1 □に　あてはまる　数を　書きましょう。

❶
```
    1 3 □
  −   □ 1
  ─────
    6 5
```

❷
```
    1 □ 8
  −   3 □
  ─────
    8 2
```

❸
```
    □ 1 □
  −   □ 2
  ─────
    4 7
```

❹
```
    1 □ 3
  −   6 □
  ─────
    8 9
```

❺
```
    1 4 □
  −   □ 6
  ─────
    7 4
```

❻
```
    □ □ 2
  −   8 □
  ─────
    9 8
```

【 月 日】

52 ひき算の 虫食い算 ④

合かく
5こ

コグトレ
正答数

こ
─────
6こ

→ 答えは 86 ページ

コグトレ ••

▶ あんごうカードを 見ながら □に あてはまる カタカナを 書きましょう。

❶
```
  1 0 □
−   □ 8
─────────
    4 5
```

❷
```
  1 □ 6
−   2 □
─────────
    7 9
```

❸
```
  □ 0 □
−   □ 3
─────────
    5 7
```

❹
```
  □ 6 □
−   □ 2
─────────
  4 1 5
```

❺
```
  □ □ 1
−   3 □
─────────
  2 5 9
```

❻
```
  □ □ 3
−   2 □
─────────
  5 2 4
```

あんごうカード

ア：0 イ：1 ウ：2 エ：3 オ：4

カ：5 キ：6 ク：7 ケ：8 コ：9

─54─

1 □に あてはまる 数を 書きましょう。

❶
```
  7 □
-   □ 2
─────
  3 5
```

❷
```
  3 □
+   □ 3
─────
  6 2
```

❸
```
  □ 5
+ 2 □
─────
  8 1
```

❹
```
  □ 1
- 1 □
─────
  3 4
```

❺
```
  9 □
- □ 4
─────
  4 8
```

❻
```
  □ 7
+ 1 □
─────
  7 0
```

⛶ 1 □に あてはまる 数を 書きましょう。

① 　□ 1 □
　+ 　 □ 8
　　1 7 3

② 　1 □ 4
　− 　 5 □
　　　7 8

③ 　□ 2 □
　− 　□ 4
　　　4 9

④ 　□ 1 □
　+ 　□ 8
　　5 8 7

⑤ 　□ □ 6
　+ 　 6 □
　　2 7 3

⑥ 　□ 7 □
　− 　□ 4
　　6 1 6

55 かけ算 ①

【　月　　　日】

➡ 答えは 87 ページ

合かく 10こ　　合かく 5こ

計算 正答数　　➕コグトレ 正答数

こ　　こ
12こ　　6こ

1 計算を しましょう。

❶ 5×7　　　❷ 5×6　　　❸ 5×8

❹ 5×1　　　❺ 5×5　　　❻ 5×3

❼ 5×9　　　❽ 5×8　　　❾ 5×2

❿ 5×5　　　⓫ 5×7　　　⓬ 5×4

➕コグトレ
プラス

▶ たて，よこ，ななめの 2つの 数字を かけると つぎの 数に なる ものを さがして，⬭で かこみましょう。

❶ 15

3	5
6	2

❷ 25

1	5
6	5

❸ 45

3	2
5	9

❹ 10

4	5
2	7

❺ 20

6	4
5	7

❻ 30

7	8
5	6

合かく
10こ

合かく
5こ

計算
正答数
こ
‾12こ

＋コグトレ
正答数
こ
‾6こ

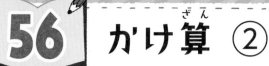

56 かけ算 ②

➡ 答えは 87 ページ

1 計算を しましょう。

❶ 2×6   ❷ 2×8   ❸ 2×1

❹ 2×3   ❺ 2×5   ❻ 2×9

❼ 2×2   ❽ 2×7   ❾ 2×8

❿ 2×6   ⓫ 2×4   ⓬ 2×1

プラス ＋コグトレ ･･

▶ たて，よこ，ななめの 2つの 数字を かけると つぎの 数に なる ものを さがして，⬭で かこみましょう。

❶ 4

3	2
1	2

❷ 10

2	4
5	6

❸ 16

7	9
8	2

❹ 6

3	4
2	5

❺ 14

6	2
5	7

❻ 18

2	8
7	9

【 　月　　日】

合かく
10こ

合かく
5こ

計算
正答数

12こ

＋コグトレ
正答数

6こ

➡ 答えは 88 ページ

57 かけ算 ③

1 計算を しましょう。

❶ 3×3　　　❷ 3×4　　　❸ 3×8

❹ 3×7　　　❺ 3×9　　　❻ 3×6

❼ 3×2　　　❽ 3×5　　　❾ 3×7

❿ 3×4　　　⓫ 3×1　　　⓬ 3×3

✚ コグトレ

▶ たて，よこ，ななめの 2つの 数字を かけると つぎの 数に なる ものを さがして，⬭で かこみましょう。

❶ 9

3	4
3	2

❷ 15

6	5
3	4

❸ 18

3	5
2	9

❹ 18

2	7
3	6

❺ 24

8	7
6	3

❻ 27

2	3
7	9

58 かけ算 ④

合かく
10こ

合かく
5こ

計算
正答数

こ

12こ

＋コグトレ
正答数

こ

6こ

→ 答えは 88 ページ

1 計算を しましょう。

❶ 4×3　　　❷ 4×7　　　❸ 4×5

❹ 4×6　　　❺ 4×8　　　❻ 4×9

❼ 4×4　　　❽ 4×5　　　❾ 4×1

❿ 4×2　　　⓫ 4×3　　　⓬ 4×7

＋コグトレ

▶ たて, よこ, ななめの 2つの 数字を かけると つぎの 数に なる ものを さがして, ◯◯で かこみましょう。

❶ 8

3	4
1	2

❷ 16

5	4
6	4

❸ 24

5	4
8	3

❹ 24

4	7
3	6

❺ 28

4	7
6	3

❻ 36

5	9
7	4

59 かけ算 ⑤

➡ 答えは 88 ページ

1 計算を しましょう。

❶ 6×3　　❷ 6×9　　❸ 6×6

❹ 6×4　　❺ 6×8　　❻ 6×7

❼ 6×2　　❽ 6×4　　❾ 6×5

❿ 6×6　　⓫ 6×1　　⓬ 6×9

＋コグトレ

▶ たて，よこ，ななめの 2つの 数字を かけると つぎの 数に なる ものを さがして，◯◯で かこみましょう。

❶ 12

1	4
6	3

❷ 18

3	9
4	6

❸ 30

6	4
5	7

❹ 36

7	6
9	4

❺ 36

9	6
6	5

❻ 48

5	8
7	6

60 かけ算 ⑥

→ 答えは 88 ページ

1 計算を しましょう。

① 7×3　　② 7×8　　③ 7×9

④ 7×5　　⑤ 7×2　　⑥ 7×6

⑦ 7×1　　⑧ 7×7　　⑨ 7×3

⑩ 7×4　　⑪ 7×5　　⑫ 7×9

＋コグトレ

▶ たて, よこ, ななめの 2つの 数字を かけると つぎの 数に なる ものを さがして, ◯◯で かこみましょう。

① 14

2	4
7	3

② 27

3	7
4	9

③ 35

6	9
5	7

④ 48

7	6
8	7

⑤ 49

7	8
7	9

⑥ 56

9	7
8	6

61 かけ算 ⑦

→答えは89ページ

合かく 10こ　合かく 5こ

計算 正答数 12こ　＋コグトレ 正答数 6こ

1 計算を しましょう。

① 8×8　② 8×2　③ 8×6

④ 8×5　⑤ 8×7　⑥ 8×4

⑦ 8×9　⑧ 8×1　⑨ 8×3

⑩ 8×2　⑪ 8×8　⑫ 8×5

＋コグトレ ‥‥‥‥‥‥‥‥‥‥‥‥‥‥‥‥‥‥‥‥‥‥‥‥‥‥

▶たて，よこ，ななめの 2つの 数字を かけると つぎの 数に なる ものを さがして，⬭で かこみましょう。

① 8

2	4
8	3

② 16

4	8
4	3

③ 24

3	9
8	4

④ 24

4	6
8	7

⑤ 48

6	8
5	9

⑥ 64

8	7
9	8

62 かけ算 ⑧

合かく
10こ

合かく
5こ

計算
正答数
こ
12こ

コグトレ
正答数
こ
6こ

→ 答えは89ページ

1 計算を しましょう。

❶ 9×4　　　❷ 9×8　　　❸ 9×6

❹ 9×9　　　❺ 9×5　　　❻ 9×7

❼ 9×2　　　❽ 9×3　　　❾ 9×8

❿ 9×4　　　⓫ 9×1　　　⓬ 9×6

プラス ＋コグトレ

▶ たて，よこ，ななめの 2つの 数字を かけると つぎの 数に なる ものを さがして，◯で かこみましょう。

❶ 9

9	3
2	3

❷ 18

9	8
2	3

❸ 27

7	9
3	4

❹ 36

5	6
9	6

❺ 54

6	8
7	9

❻ 81

8	7
9	9

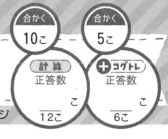

63 かけ算 ⑨

➡答えは 89 ページ

1 計算を しましょう。

❶ 1×5 　　❷ 1×7 　　❸ 1×6

❹ 1×3 　　❺ 1×2 　　❻ 1×8

❼ 1×4 　　❽ 1×1 　　❾ 1×6

❿ 1×3 　　⓫ 1×9 　　⓬ 1×5

✚コグトレ

▶たて，よこ，ななめの 2つの 数字を かけると つぎの 数に なる ものを さがして，◯で かこみましょう。

❶ 12

4	2
5	3

❷ 16

4	8
4	3

❸ 18

7	9
3	2

❹ 24

5	6
8	4

❺ 12

6	8
2	4

❻ 27

3	9
5	4

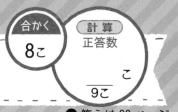
64 かけ算 ⑩

➡ 答えは 89 ページ

1 □に あてはまる 数を 書きましょう。

❶ 6×4 は　6×3 より　□　大きい。

❷ 8×7 は　8×6 より　□　大きい。

3×10 は
3×9 より
3 大きいね。

❸ 3×5 は　3×4 より　□　大きい。

❹ 5×6 は　5×□ より　5　大きい。

❺ 2×9 は　2×□ より　2　大きい。

❻ 4×5＝5×□

❼ 7×2＝2×□

❽ 9×1＝1×□

❾ 1×3＝3×□

【　　月　　日】

65 かけ算 ⑪

合かく
12こ

コグトレ
正答数

こ

14こ

→ 答えは 90 ページ

コグトレ ・・

▶ 計算を しましょう。計算した あとに, 数が 大きい じゅんに もんだいの 番ごうを 書きましょう。

❶ 2×11

❷ 4×12

❸ 3×10

❹ 5×11

❺ 12×3

❻ 11×4

❼ 13×2

← 大きい　　　　　　　　　小さい →

(　　　)(　　　)(　　　)(　　　)(　　　)(　　　)(　　　)

66 1000を こえる 数(かず)①

→ 答えは 90 ページ

1 □に あてはまる 数を 書(か)きましょう。

❶ 1000 を 3こ, 100 を 5こ 合(あ)わせた 数は

□ です。

❷ 1000 を 5こ, 10 を 2こ 合わせた 数は

□ です。

❸ 1000 を 6こ, 1 を 7こ 合わせた 数は

□ です。

❹ 1000 を 7こ, 100 を 3こ, 10 を5こ 合わ

せた 数は □ です。

❺ 5168 は, 1000 を □ こ, 100 を

□ こ, 10 を □ こ, 1 を □ こ 合

わせた 数です。

【 月 日】

合かく
10こ

コグトレ
正答数

＿＿ こ
12こ

67 1000を こえる 数②

➡答えは90ページ

コグトレ ・・・

▶ □に あてはまる 数を 書きましょう。書いた あとに, 数が 大きい じゅんに もんだいの 番ごうを 書きましょう。❺は6000, ❻は7000とします。

❶ 1000 を 7こ あつめた 数は ☐ です。

❷ 100 を 50こ あつめた 数は ☐ です。

❸ 100 を 35こ あつめた 数は ☐ です。

❹ 1000 を 10こ あつめた 数は ☐ です。

❺ 6000 は, 1000 を ☐ こ あつめた 数です。

❻ 7000 は, 100 を ☐ こ あつめた 数です。

⬅ 大きい　　　　　　小さい ➡

(　　)(　　)(　　)(　　)(　　)

(　　)

1000を こえる 数 ③

【　　月　　日】

合かく
24こ

コグトレ
正答数

_____ こ
28こ

➡ 答えは 90 ページ

コグトレ ••

▶ 計算を しましょう。計算した あとに, 数が 大きい じゅんに も
んだいの 番ごうを 書きましょう。

❶ 500+600　　❷ 400+800　　❸ 900+200

❹ 600+700　　❺ 500+800　　❻ 300+900

❼ 2000+3000 ❽ 5000+2000 ❾ 1200−300

❿ 1400−900　⓫ 1100−800　⓬ 1500−700

⓭ 6000−2000 ⓮ 9000−5000

⟵ 大きい ─────── 小さい ⟶

(　)(　)(　)(　)(　)(　)(　)(　)(　)(　)

(　)(　)(　)(　)

1 <ruby>計算<rt>けいさん</rt></ruby>を しましょう。

❶ 2×2

❷ 8×3

❸ 5×7

❹ 3×6

❺ 6×9

❻ 1×2

❼ 7×6

❽ 2×4

❾ 4×3

❿ 9×7

⓫ 5×5

⓬ 6×5

⓭ 12×3

⓮ 11×4

70 まとめテスト ⑭

【 月 日】

合かく 5こ

計算 正答数

＿＿ こ
6こ

→ 答えは 91 ページ

1 □に あてはまる 数を 書きましょう。

❶ 1000 を 4こ, 100 を 3こ 合わせた 数は

□ です。

❷ 1000 を 8こ, 10 を 2こ 合わせた 数は

□ です。

❸ 3724 は, 1000 を □ こ, 100 を □

こ, 10 を □ こ, 1 を □ こ 合わせた

数です。

❹ 100 を 24こ あつめた 数は □ です。

❺ 5400 は, 100 を □ こ あつめた 数です。

❻ 10000 は, 100 を □ こ あつめた 数で

す。

コグトレ 小2
計算ドリル

答え

1 たし算 ①

1 計算を しましょう。

❶ 53+30 = 83　　❷ 24+62 = 86

❸ 13+24 = 37　　❹ 71+27 = 98

❺ 42+50 = 92　　❻ 35+43 = 78

❼ 62+35 = 97　　❽ 17+52 = 69

❾ 62+26 = 88　　❿ 57+11 = 68

⓫ 21+52 = 73　　⓬ 66+31 = 97

⓭ 79+20 = 99　　⓮ 38+40 = 78

―3―

2 たし算 ②

1 計算を しましょう。

❶ 28+2 = 30　❷ 43+7 = 50　❸ 53+9 = 62

❹ 24+8 = 32　❺ 36+5 = 41　❻ 67+4 = 71

❼ 83+9 = 92　❽ 76+7 = 83　❾ 48+5 = 53

❿ 64+8 = 72　⓫ 56+5 = 61　⓬ 37+4 = 41

⓭ 24+9 = 33　⓮ 75+8 = 83

▶ ❾～⓮の 答えは 下の あんごうカードを つかって ひらがなの 組み合わせを 解答らんに 書きましょう。
（れい：25だと「うか」）

解答らん			
❾	かえ	❿	くう
⓫	きい	⓬	おい
⓭	ええ	⓮	けえ

あんごうカード
0：あ　1：い　2：う　3：え
4：お　5：か　6：き　7：く
8：け　9：こ

―4―

3 ひき算 ①

1 計算を しましょう。

❶ 47−30 = 17　　❷ 33−12 = 21

❸ 56−41 = 15　　❹ 78−65 = 13

❺ 69−13 = 56　　❻ 67−26 = 41

❼ 84−50 = 34　　❽ 42−21 = 21

❾ 65−33 = 32　　❿ 53−42 = 11

⓫ 97−84 = 13　　⓬ 36−20 = 16

⓭ 48−16 = 32　　⓮ 99−63 = 36

―5―

4 ひき算 ②

1 計算を しましょう。

❶ 21−5 = 16　❷ 64−8 = 56　❸ 65−8 = 57

❹ 33−7 = 26　❺ 23−9 = 14　❻ 76−7 = 69

❼ 84−9 = 75　❽ 91−5 = 86　❾ 43−8 = 35

❿ 45−6 = 39　⓫ 62−3 = 59　⓬ 51−8 = 43

⓭ 43−9 = 34　⓮ 75−7 = 68

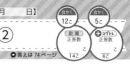

▶ ❾～⓮の 答えは 下の あんごうカードを つかって ひらがなの 組み合わせを 解答らんに 書きましょう。
（れい：25だと「うか」）

解答らん			
❾	えか	❿	えこ
⓫	かこ	⓬	おえ
⓭	えお	⓮	きけ

あんごうカード
0：あ　1：い　2：う　3：え
4：お　5：か　6：き　7：く
8：け　9：こ

―6―

5 まとめ テスト ①

合かく 12こ
計算 正答数 ／14こ

● 答えは 75 ページ

1 計算を しましょう。

❶ 13+9 = 22 　　❷ 45+7 = 52

❸ 54+20 = 74 　　❹ 33+8 = 41

❺ 25+6 = 31 　　❻ 82+12 = 94

❼ 65+9 = 74 　　❽ 15+80 = 95

❾ 26+71 = 97 　　❿ 79+2 = 81

⓫ 44+7 = 51 　　⓬ 68+10 = 78

⓭ 59+6 = 65 　　⓮ 47+52 = 99

－7－

6 まとめ テスト ②

合かく 12こ
計算 正答数 ／14こ

● 答えは 75 ページ

1 計算を しましょう。

❶ 26−9 = 17 　　❷ 73−7 = 66

❸ 47−13 = 34 　　❹ 54−7 = 47

❺ 70−2 = 68 　　❻ 95−6 = 89

❼ 83−42 = 41 　　❽ 48−33 = 15

❾ 67−8 = 59 　　❿ 56−9 = 47

⓫ 81−60 = 21 　　⓬ 39−17 = 22

⓭ 76−8 = 68 　　⓮ 92−50 = 42

－8－

7 たし算の ひっ算 ①

合かく 10こ
計算 正答数 ／12こ

● 答えは 75 ページ

1 計算を しましょう。

❶ 　26
　+　3
　　29

❷ 　18
　+50
　　68

❸ 　　4
　+45
　　49

❹ 　70
　+26
　　96

❺ 　54
　+　2
　　56

❻ 　35
　+60
　　95

❼ 　　3
　+42
　　45

❽ 　20
　+49
　　69

❾ 　72
　+　7
　　79

❿ 　73
　+10
　　83

⓫ 　　8
　+51
　　59

⓬ 　30
　+46
　　76

－9－

8 たし算の ひっ算 ②

合かく 10こ
計算 正答数 ／12こ

合かく 5こ
コグトレ 正答数 ／6こ

● 答えは 75 ページ

1 計算を しましょう。

❶ 　23
　+　8
　　31

❷ 　　2
　+59
　　61

❸ 　84
　+　7
　　91

❹ 　　4
　+66
　　70

❺ 　36
　+　7
　　43

❻ 　　4
　+79
　　83

❼ 　42
　+　9
　　51

❽ 　　7
　+85
　　92

❾ 　56
　+　5
　　61

❿ 　　8
　+34
　　42

⓫ 　79
　+　3
　　82

⓬ 　　7
　+23
　　30

プラス コグトレ

▶ ❼〜⓬の 答えは 下の あんごうカードを つかって ひらがなの 組み合わせを 解答らんに 書きましょう。
（れい：25 だと「うか」）

解答らん

❼	かい	❽	こう
❾	きい	❿	おう
⓫	けう	⓬	えあ

あんごうカード

0：あ 1：い 2：う 3：え

4：お 5：か 6：き 7：く

8：け 9：こ

－10－

1 計算を しましょう。

① 43
　+18
　 61

② 56
　+27
　 83

③ 29
　+45
　 74

④ 62
　+29
　 91

⑤ 17
　+43
　 60

⑥ 27
　+65
　 92

⑦ 78
　+15
　 93

⑧ 53
　+38
　 91

＋コグトレ
▶ ⑤～⑧の 答えは 下の あんごうカードの 🍎の 数を，スタートから 数えて，答えの リンゴの 場しょの あんごうを 解答らんに 書きましょう。

解答らん	
⑤	セ
⑥	ン
⑦	◎
⑧	ヲ

—11—

1 計算を しましょう。

① 65
　−20
　 45

② 89
　−17
　 72

③ 44
　−21
　 23

④ 58
　−23
　 35

⑤ 76
　−52
　 24

⑥ 94
　−30
　 64

⑦ 37
　−26
　 11

⑧ 69
　−53
　 16

⑨ 78
　−64
　 14

⑩ 86
　−33
　 53

⑪ 48
　−25
　 23

⑫ 99
　−42
　 57

—12—

1 計算を しましょう。

① 24
　− 6
　 18

② 30
　− 5
　 25

③ 92
　− 7
　 85

④ 50
　− 7
　 43

⑤ 82
　− 4
　 78

⑥ 55
　− 7
　 48

⑦ 47
　− 9
　 38

⑧ 40
　− 2
　 38

⑨ 85
　− 8
　 77

⑩ 61
　− 3
　 58

⑪ 73
　− 5
　 68

⑫ 90
　− 2
　 88

＋コグトレ
▶ ⑦～⑫の 答えは 下の あんごうカードを つかって ひらがなの 組み合わせを 解答らんに 書きましょう。
（れい：25だと「うか」）

解答らん		
⑦	えけ	⑧ えけ
⑨	くく	⑩ かけ
⑪	きけ	⑫ けけ

あんごうカード

0:あ	1:い	2:う	3:え
4:お	5:か	6:き	7:く
8:け	9:こ		

—13—

1 計算を しましょう。

① 62
　−34
　 28

② 46
　−38
　　8

③ 74
　−16
　 58

④ 93
　−27
　 66

⑤ 66
　−39
　 27

⑥ 91
　−57
　 34

⑦ 35
　−19
　 16

⑧ 72
　−56
　 16

＋コグトレ
▶ ⑤～⑧の 答えは 下の あんごうカードの 🍎の 数を，スタートから 数えて，答えの リンゴの 場しょの あんごうを 解答らんに 書きましょう。

解答らん	
⑤	ひ
⑥	め
⑦	た
⑧	た

—14—

13 まとめテスト ③

1 計算を しましょう。

❶
```
  14
+30
──
  44
```

❷
```
  25
+13
──
  38
```

❸
```
  63
+24
──
  87
```

❹
```
  32
+47
──
  79
```

❺
```
  25
+ 5
──
  30
```

❻
```
  33
+ 8
──
  41
```

❼
```
  82
+ 9
──
  91
```

❽
```
  46
+ 4
──
  50
```

❾
```
  16
+25
──
  41
```

❿
```
  37
+14
──
  51
```

⓫
```
  79
+15
──
  94
```

⓬
```
  53
+27
──
  80
```

－15－

14 まとめテスト ④

1 計算を しましょう。

❶
```
  35
-20
──
  15
```

❷
```
  49
-13
──
  36
```

❸
```
  56
-34
──
  22
```

❹
```
  77
-45
──
  32
```

❺
```
  21
- 6
──
  15
```

❻
```
  80
- 2
──
  78
```

❼
```
  33
- 6
──
  27
```

❽
```
  65
- 9
──
  56
```

❾
```
  44
-17
──
  27
```

❿
```
  56
-28
──
  28
```

⓫
```
  72
-17
──
  55
```

⓬
```
  97
-69
──
  28
```

－16－

15 長さの 計算 ①

1 計算を しましょう。

❶ 24 cm+3 cm＝27 cm

❷ 6 mm+2 mm＝8 mm

❸ 3 cm 5 mm+4 cm＝7 cm 5 mm

❹ 5 cm 7 mm+9 cm＝14 cm 7 mm

❺ 4 cm 3 mm+5 mm＝4 cm 8 mm

> 1 cm は 10 mm だね。

❻ 6 cm 2 mm+8 mm＝7 cm

❼ 50 cm 5 mm+10 cm 2 mm＝60 cm 7 mm

プラス コグトレ ･･････････････････････

▶ 計算した あとに，答えの 長さが 長い じゅんに もんだいの 番ごうを 書きましょう。

長い ───────→ みじかい ───────→
（ ❼ ）（ ❶ ）（ ❹ ）（ ❸ ）（ ❻ ）（ ❺ ）（ ❷ ）

－17－

16 長さの 計算 ②

1 計算を しましょう。

❶ 55 cm-6 cm＝49 cm

❷ 14 mm-7 mm＝7 mm

❸ 9 cm 3 mm-7 cm＝2 cm 3 mm

❹ 5 cm 2 mm-4 cm＝1 cm 2 mm

❺ 8 cm 7 mm-4 mm＝8 cm 3 mm

❻ 6 cm 9 mm-9 mm＝6 cm

❼ 13 cm 5 mm-12 cm 2 mm＝1 cm 3 mm

プラス コグトレ ･･････････････････････

▶ 計算した あとに，答えの 長さが 長い じゅんに もんだいの 番ごうを 書きましょう。

長い ───────→ みじかい ───────→
（ ❶ ）（ ❺ ）（ ❻ ）（ ❸ ）（ ❼ ）（ ❹ ）（ ❷ ）

－18－

17 か'さの 計算 ①

● 答えは 78 ページ

1 計算を しましょう。

❶ 2 L＋1 L ＝ 3 L

❷ 4 dL＋6 dL ＝ 10 dL（1 L）

❸ 1 L 3 dL＋2 dL ＝ 1 L 5 dL

❹ 2 L 5 dL＋4 dL ＝ 2 L 9 dL

❺ 1 L 3 dL＋7 dL ＝ 2 L（20 dL）

❻ 3 L 4 dL＋1 L 2 dL ＝ 4 L 6 dL

❼ 1 L 5 dL＋1 L 3 dL ＝ 2 L 8 dL

＋コグトレ

▶ 計算した あとに，答えの かさが 多い じゅんに もんだいの 番ごうを 書きましょう。

多　い　　　　　　　　少ない
（ ❻ ）（ ❶ ）（ ❹ ）（ ❼ ）（ ❺ ）（ ❸ ）（ ❷ ）

－19－

---

18 か'さの 計算 ②

● 答えは 78 ページ

1 計算を しましょう。

❶ 5 L－2 L ＝ 3 L

❷ 8 dL－3 dL ＝ 5 dL

❸ 2 L 7 dL－5 dL ＝ 2 L 2 dL

❹ 3 L 4 dL－2 dL ＝ 3 L 2 dL

❺ 4 L 5 dL－5 dL ＝ 4 L

❻ 2 L 6 dL－1 L 3 dL ＝ 1 L 3 dL

❼ 3 L 9 dL－3 L 4 dL ＝ 5 dL

＋コグトレ

▶ 計算した あとに，答えの かさが 多い じゅんに もんだいの 番ごうを 書きましょう。

多　い　　　　　　　　少ない
（ ❺ ）（ ❹ ）（ ❶ ）（ ❸ ）（ ❻ ）（ ❷ ）
（ ❼ ）

－20－

---

19 時間の 計算 ①

● 答えは 78 ページ

1 つぎの 時こくを もとめましょう。

❶ 9 時 30 分の 1 時間後　［ 10 時 30 分 ］

❷ 3 時 15 分の 2 時間前　［ 1 時 15 分 ］

❸ 11 時 20 分の 10 分後　［ 11 時 30 分 ］

❹ 1 時 40 分の 20 分前　［ 1 時 20 分 ］

❺ 6 時 58 分の 30 分前　［ 6 時 28 分 ］

❻ 10 時 35 分の 17 分後　［ 10 時 52 分 ］

＋コグトレ

▶ もとめた あとに，時計に ❶～❸の 時こくの 長い はりを かきましょう。

❶ 　❷ 　❸

－21－

---

20 時間の 計算 ②

● 答えは 78 ページ

1 つぎの 時間を もとめましょう。

❶ 8 時から 10 時まで

［ 2 時間 ］

❷ 4 時から 11 時まで

［ 7 時間 ］

❸ 7 時 30 分から 8 時まで

［ 30 分 ］

❹ 3 時 10 分から 3 時 50 分まで

［ 40 分 ］

❺ 10 時 15 分から 10 時 35 分まで

［ 20 分 ］

❻ 11 時 9 分から 11 時 57 分まで

［ 48 分 ］

＋コグトレ

▶ もとめた あとに，答えの 時間が 長い じゅんに もんだいの 番ごうを 書きましょう。

長　い　　　　　　　　みじかい
（ ❷ ）（ ❶ ）（ ❻ ）（ ❹ ）（ ❸ ）（ ❺ ）

－22－

－78－

21 まとめテスト ⑤

合かく 6こ　計算 正答数 ／7こ

●答えは 79 ページ

1 計算を しましょう。

❶ 7 cm 6 mm＋2 cm ＝ 9 cm 6 mm

❷ 6 cm 5 mm＋4 mm ＝ 6 cm 9 mm

❸ 7 cm 4 mm−5 cm ＝ 2 cm 4 mm

❹ 12 cm 3 mm−1 mm ＝ 12 cm 2 mm

❺ 2 L 4 dL＋6 dL ＝ 3 L（30 dL）

❻ 4 L 8 dL−2 dL ＝ 4 L 6 dL

❼ 2 L−5 dL ＝ 1 L 5 dL（15 dL）

－23－

22 まとめテスト ⑥

合かく 5こ　計算 正答数 ／6こ

●答えは 79 ページ

1 つぎの 時こくや 時間を もとめましょう。

❶ 8 時 20 分の 2 時間後の 時こく

[10 時 20 分]

❷ 1 時 30 分の 18 分後の 時こく

[1 時 48 分]

❸ 7 時 51 分の 32 分前の 時こく

[7 時 19 分]

❹ 3 時から 3 時 15 分までの 時間

[15 分]

❺ 2 時 25 分から 2 時 50 分までの 時間

[25 分]

❻ 9 時 16 分から 9 時 48 分までの 時間

[32 分]

－24－

23 100を こえる 数 ①

合かく 5こ　計算 正答数 ／6こ

●答えは 79 ページ

1 数を 数字で 書きましょう。

❶ 100 を 3 こ, 10 を 7 こ 合わせた 数

[370]

❷ 100 を 5 こ, 1 を 2 こ 合わせた 数

[502]

❸ 100 を 8 こ, 10 を 9 こ, 1 を 5 こ 合わせた 数

[895]

❹ 100 を 2 こ, 10 を 7 こ, 1 を 3 こ 合わせた 数

[273]

❺ 百のくらいの 数字が 4, 十のくらいの 数字が 3, 一のくらいの 数字が 8

[438]

❻ 百のくらいの 数字が 9, 十のくらいの 数字が 0, 一のくらいの 数字が 6

[906]

－25－

24 100を こえる 数 ②

合かく 6こ　計算 正答数 ／7こ　合かく 5こ　コグトレ 正答数 ／7こ

●答えは 79 ページ

1 数を 数字で 書きましょう。

❶ 10 を 47 こ あつめた 数

[470]

❷ 100 を 8 こ あつめた 数

[800]

❸ 10 を 55 こ あつめた 数

[550]

❹ 10 を 60 こ あつめた 数

[600]

❺ 100 を 10 こ あつめた 数

[1000]

❻ 899 より 1 大きい 数

[900]

❼ 500 より 1 小さい 数

[499]

プラス コグトレ ‥‥‥‥‥‥‥‥‥‥‥‥‥‥‥‥‥‥‥‥‥

▶ 答えを 書いた あとに, 答えの 数が 小さい じゅんに もんだいの 番ごうを 書きましょう。

◀ 小さい　　　　　　大きい ▶

(❶)(❼)(❸)(❹)(❷)(❻)(❺)

－26－

25 たし算 ③

1 計算を しましょう。

❶ 80+50 ＝ 130 　❷ 90+40 ＝ 130
❸ 20+90 ＝ 110 　❹ 60+70 ＝ 130
❺ 50+60 ＝ 110 　❻ 80+60 ＝ 140
❼ 90+30 ＝ 120 　❽ 40+80 ＝ 120
❾ 200+200 ＝ 400 　❿ 500+400 ＝ 900
⓫ 400+200 ＝ 600 　⓬ 300+600 ＝ 900
⓭ 500+300 ＝ 800 　⓮ 200+800 ＝ 1000

＋コグトレ

▶ 計算した あとに，下の 答えの（　）に あてはまる もんだいの 番ごうを 書きましょう。

110 （❸）（❺）
120 （❼）（❽）
130 （❶）（❷）（❹）
140 （❻）
400 （❾）
600 （⓫）
800 （⓭）
900 （❿）（⓬）
1000 （⓮）

26 ひき算 ③

1 計算を しましょう。

❶ 150-60 ＝ 90 　❷ 120-40 ＝ 80
❸ 130-50 ＝ 80 　❹ 180-90 ＝ 90
❺ 120-60 ＝ 60 　❻ 140-80 ＝ 60
❼ 110-70 ＝ 40 　❽ 160-90 ＝ 70
❾ 800-200 ＝ 600 　❿ 400-100 ＝ 300
⓫ 900-800 ＝ 100 　⓬ 500-300 ＝ 200
⓭ 700-500 ＝ 200 　⓮ 1000-400 ＝ 600

＋コグトレ

▶ 計算した あとに，下の 答えの（　）に あてはまる もんだいの 番ごうを 書きましょう。

40 （❼）
60 （❺）（❻）
70 （❽）
80 （❷）（❸）
90 （❶）（❹）
100 （⓫）
200 （⓬）（⓭）
300 （❿）
600 （❾）（⓮）

27 長さの 計算 ③

1 計算を しましょう。

❶ 2m+5m ＝ 7m

❷ 3m+40cm ＝ 3m40cm

❸ 1m20cm+60cm ＝ 1m80cm

❹ 3m50cm+5m ＝ 8m50cm

❺ 3m30cm+1m50cm ＝ 4m80cm

❻ 4m10cm+6m20cm ＝ 10m30cm

❼ 2m30cm+4m70cm ＝ 7m

＋コグトレ

▶ 計算した あとに，下の ものさしの 目もりに ↑と もんだいの 番ごうを 書きましょう。1めもりは 10cmと します。
（れい：❽ 答え 1m50cmの 場合）

28 長さの 計算 ④

1 計算を しましょう。

❶ 6m-4m ＝ 2m

❷ 3m50cm-30cm ＝ 3m20cm

❸ 6m40cm-2m ＝ 4m40cm

❹ 3m80cm-1m50cm ＝ 2m30cm

❺ 6m30cm-2m20cm ＝ 4m10cm

❻ 5m40cm-3m40cm ＝ 2m

❼ 5m-2m60cm ＝ 2m40cm

＋コグトレ

▶ 計算した あとに，下の ものさしの 目もりに ↑と もんだいの 番ごうを 書きましょう。1めもりは 10cmと します。
（れい：❽ 答え 1m50cmの 場合）

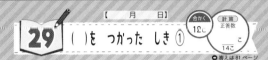

29 （ ）を つかった しき ①

合かく 12こ　計算 正答数 ／14こ

● 答えは81ページ

1 計算を しましょう。

❶ 7+(6+4)＝17　　❷ 6+(8+2)＝16

❸ 5+(9+1)＝15　　❹ 8+(3+7)＝18

❺ 9+(5+5)＝19　　❻ 4+(7+3)＝14

❼ 21+(4+6)＝31　　❽ 39+(3+7)＝49

❾ 53+(9+1)＝63　　❿ 13+(8+2)＝23

⓫ 46+(7+3)＝56　　⓬ 66+(6+4)＝76

⓭ 78+(5+5)＝88　　⓮ 87+(4+6)＝97

－31－

30 （ ）を つかった しき ②

【 　月　　日】

合かく 8こ　合かく 4こ　計算 正答数 ／9こ　コグトレ 正答数 ／5こ

● 答えは81ページ

1 計算を しましょう。

❶ 25+(3+2)
　＝30

❷ 32+(19+1)
　＝52

❸ 16+(15+5)
　＝36

❹ 68+(23+7)
　＝98

❺ 27+(26+4)
　＝57

❻ 40+(30+30)
　＝100

❼ 14+(57+3)
　＝74

❽ 47+(49+1)
　＝97

❾ 55+(1+4)
　＝60

＋コグトレ ･･････････････････････････････････

▶ ❺〜❾の 答えは 下の あんごうカードの 🍎の 数を, スタート
　から 数えて, 答えの リンゴの 場しょの あんごうを 解答らんに
　書きましょう。

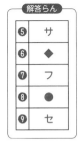

解答らん

❺	サ
❻	◆
❼	フ
❽	●
❾	セ

－32－

31 まとめテスト ⑦

【 　月　　日】

合かく 5こ　計算 正答数 ／6こ

● 答えは81ページ

1 数を 数字で 書きましょう。

❶ 10を 53こ あつめた 数

[530]

❷ 100を 4こ, 1を 7こ 合わせた 数

[407]

❸ 百のくらいの 数字が 2, 十のくらいの 数字が
　8, 一のくらいの 数字が 1

[281]

2 計算を しましょう。

❶ 3 m 20 cm+2 m 60 cm＝5 m 80 cm

❷ 4 m 90 cm−30 cm＝4 m60 cm

❸ 2 m 40 cm−2 m 10 cm＝30 cm

－33－

32 まとめテスト ⑧

【 　月　　日】

合かく 12こ　計算 正答数 ／14こ

● 答えは81ページ

1 計算を しましょう。

❶ 30+90＝120　　❷ 80+70＝150

❸ 70+70＝140　　❹ 200+500＝700

❺ 170−80＝90　　❻ 150−70＝80

❼ 800−400＝400　　❽ 69+(6+4)＝79

❾ 34+(9+1)＝44　　❿ 56+(7+3)＝66

⓫ 88+(4+6)＝98　　⓬ 45+(13+2)＝60

⓭ 16+(16+4)＝36　　⓮ 33+(17+33)＝83

－34－

33 たし算の ひっ算 ④

合かく 10こ　計算正答数 ／12こ こ

➡答えは82ページ

1 計算を しましょう。

❶ 46 +92 / 138　❷ 50 +76 / 126　❸ 35 +83 / 118

❹ 67 +52 / 119　❺ 85 +73 / 158　❻ 22 +87 / 109

❼ 80 +57 / 137　❽ 48 +81 / 129　❾ 75 +73 / 148

❿ 14 +90 / 104　⓫ 74 +90 / 164　⓬ 81 +95 / 176

－35－

34 たし算の ひっ算 ⑤

合かく 6こ　合かく 3こ　計算正答数 ／8こ こ　＋コグトレ正答数 ／4こ こ

➡答えは82ページ

1 計算を しましょう。

❶ 98 +26 / 124　❷ 57 +74 / 131　❸ 58 +84 / 142　❹ 97 +35 / 132

❺ 78 +46 / 124　❻ 36 +84 / 120　❼ 82 +39 / 121　❽ 46 +68 / 114

➕**コグトレ** ……………

▶❺〜❽は 計算した あとに，百のくらいの 数字を とった 数の🍎の 数を，スタートから 数えて，その あんごうを 解答らんに 書きましょう。(れい：答えが 152なら，52の あんごうを さがす。答えは「カ」)

解答らん	
❺	ね
❻	と
❼	な
❽	せ

－36－

35 たし算の ひっ算 ⑥

コグトレ正答数 合かく 5こ ／6こ こ

➡答えは82ページ

コグトレ ……………

▶たて，よこ，ななめの 2つの 数字を たすと 100に なる ものが 2つずつ あります。それらを さがして，◯◯で かこみましょう。

❶
15	17	85
37	15	82
28	72	47

❷
44	17	63
54	22	32
46	88	78

❸
72	74	22
37	36	68
64	15	85

❹
76	14	85
24	96	5
4	88	94

❺
12	17	97
87	13	83
86	77	33

❻
18	5	97
95	38	13
52	68	62

－37－

36 たし算の ひっ算 ⑦

合かく 6こ　合かく 3こ　計算正答数 ／8こ こ　＋コグトレ正答数 ／4こ こ

➡答えは82ページ

1 計算を しましょう。

❶ 213 + 45 / 258　❷ 373 + 26 / 399　❸ 704 + 52 / 756　❹ 528 + 34 / 562

❺ 419 + 73 / 492　❻ 148 + 25 / 173　❼ 633 + 49 / 682　❽ 248 + 25 / 273

➕**コグトレ** ……………

▶❺〜❽は 計算した あとに，百のくらいの 数字を とった 数の🍎の 数を，スタートから 数えて，その あんごうを 解答らんに 書きましょう。

解答らん	
❺	ン
❻	ヒ
❼	ヤ
❽	ヒ

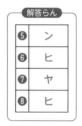

－38－

37 3つの 数の たし算①

【　月　日】

合かく 8こ
計算 正答数 ／9こ

●答えは 83 ページ

1 計算を しましょう。

❶
```
  16
  41
+30
  87
```
❷
```
  22
  14
+53
  89
```
❸
```
  15
  38
+24
  77
```

❹
```
  31
  42
+53
 126
```
❺
```
  14
  33
+52
  99
```
❻
```
  66
  72
+51
 189
```

❼
```
  54
  12
+43
 109
```
❽
```
  17
  33
+44
  94
```
❾
```
  11
  42
+26
  79
```

2つの 数の ときと 同じように 計算しよう。

—39—

38 3つの 数の たし算②

【　月　日】

合かく 6こ / 合かく 3こ
計算 正答数 8こ / コグトレ 正答数 4こ

●答えは 83 ページ

1 計算を しましょう。

❶
```
  48
  56
+37
 141
```
❷
```
  28
  77
+39
 144
```
❸
```
  68
  82
+14
 164
```
❹
```
  74
  55
+46
 175
```

❺
```
  35
  64
+23
 122
```
❻
```
  67
  34
+51
 152
```
❼
```
  87
  72
+18
 177
```
❽
```
  69
  19
+48
 136
```

プラス コグトレ

▶ ❺～❽は 計算した あとに，百のくらいの 数字を とった 数の 🍎の 数を，スタートから 数えて，その あんごうを 解答らんに 書きましょう。

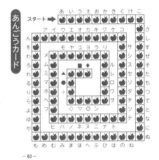

解答らん
❺	に
❻	カ
❼	マ
❽	や

あんごうカード

—40—

39 ひき算の ひっ算④

【　月　日】

合かく 10こ
計算 正答数 ／12こ

●答えは 83 ページ

1 計算を しましょう。

❶
```
 123
- 72
  51
```
❷
```
 137
- 65
  72
```
❸
```
 108
- 26
  82
```

❹
```
 155
- 63
  92
```
❺
```
 119
- 97
  22
```
❻
```
 107
- 54
  53
```

❼
```
 178
- 84
  94
```
❽
```
 165
- 92
  73
```
❾
```
 144
- 63
  81
```

❿
```
 105
- 31
  74
```
⓫
```
 126
- 43
  83
```
⓬
```
 139
- 52
  87
```

—41—

40 ひき算の ひっ算⑤

【　月　日】

合かく 6こ / 合かく 3こ
計算 正答数 8こ / コグトレ 正答数 4こ

●答えは 83 ページ

1 計算を しましょう。

❶
```
 116
- 87
  29
```
❷
```
 135
- 69
  66
```
❸
```
 142
- 56
  86
```
❹
```
 143
- 76
  67
```

❺
```
 123
- 47
  76
```
❻
```
 150
- 85
  65
```
❼
```
 181
- 92
  89
```
❽
```
 154
- 96
  58
```

プラス コグトレ

▶ ❺～❽の 答えは 下の あんごうカードの 🍎の 数を，スタートから 数えて，答えの リンゴの 場しょの あんごうを 解答らんに 書きましょう。

解答らん
❺	ホ
❻	テ
❼	ロ
❽	シ

あんごうカード

—42—

41 ひき算の ひっ算 ⑥

◆答えは84ページ

1 計算を しましょう。

❶ 103 − 48 = 55
❷ 102 − 53 = 49
❸ 107 − 69 = 38
❹ 101 − 72 = 29

❺ 105 − 88 = 17
❻ 106 − 9 = 97
❼ 100 − 43 = 57
❽ 100 − 82 = 18

＋コグトレ

▶ ❺〜❽の 答えは 下の あんごうカードの 🍎の 数を, スタートから 数えて, 答えの リンゴの 場しょの あんごうを 解答らんに 書きましょう。

解答らん
❺ ち
❻ ●
❼ サ
❽ つ

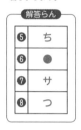
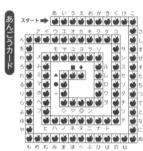

あんごうカード

−43−

---

42 ひき算の ひっ算 ⑦

◆答えは84ページ

1 計算を しましょう。

❶ 274 − 52 = 222
❷ 687 − 25 = 662
❸ 456 − 30 = 426
❹ 361 − 28 = 333

❺ 793 − 69 = 724
❻ 560 − 37 = 523
❼ 661 − 53 = 608
❽ 342 − 25 = 317

＋コグトレ

▶ ❺〜❽は 計算した あとに, 百のくらいの 数字を とった 数の 🍎の 数を, スタートから 数えて, その あんごうを 解答らんに 書きましょう。

解答らん
❺ ね
❻ ぬ
❼ く
❽ ち

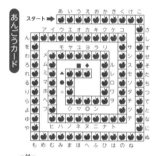

あんごうカード

−44−

---

43 まとめテスト ⑨

◆答えは84ページ

1 計算を しましょう。

❶ 64 + 85 = 149
❷ 17 + 92 = 109
❸ 86 + 33 = 119

❹ 25 + 85 = 110
❺ 65 + 49 = 114
❻ 16 + 85 = 101

❼ 362 + 15 = 377
❽ 429 + 36 = 465
❾ 516 + 37 = 553

❿ 76 + 51 + 37 = 164
⓫ 58 + 42 + 37 = 137
⓬ 26 + 66 + 88 = 180

−45−

---

44 まとめテスト ⑩

◆答えは84ページ

1 計算を しましょう。

❶ 154 − 71 = 83
❷ 189 − 94 = 95
❸ 135 − 73 = 62

❹ 169 − 85 = 84
❺ 147 − 73 = 74
❻ 118 − 32 = 86

❼ 106 − 77 = 29
❽ 103 − 98 = 5
❾ 100 − 75 = 25

❿ 527 − 16 = 511
⓫ 641 − 29 = 612
⓬ 365 − 38 = 327

−46−

45 たし算の 虫食い算 ①

【 月 日】 合かく 5こ ／ 計算 正答数 6こ こ

● 答えは 85 ページ

1 □に あてはまる 数を 書きましょう。

❶
```
  3 2
+ 5 3
─────
  8 5
```

❷
```
  2 6
+ 4 1
─────
  6 7
```

❸
```
  3 6
+ 2 3
─────
  5 9
```

❹
```
  8 2
+ 1 2
─────
  9 4
```

❺
```
  5 0
+ 1 4
─────
  6 4
```

❻
```
  3 3
+ 4 3
─────
  7 6
```

一のくらいから
考えよう。

―47―

---

46 たし算の 虫食い算 ②

【 月 日】 合かく 5こ ／ コグトレ 正答数 6こ こ

● 答えは 85 ページ

コグトレ

▶あんごうカードを 見ながら □に あてはまる カタカナを 書きましょう。

❶
```
  3 キ
+ カ 8      3 6
─────     + 5 8
  9 4      ────
           9 4
```

❷
```
  3 ケ
+ イ 3      3 8
─────     + 1 3
  5 1      ────
           5 1
```

❸
```
  3 キ
+ オ 4      3 6
─────     + 4 4
  8 0      ────
           8 0
```

❹
```
  1 ク
+ ウ 9      1 7
─────     + 2 9
  4 6      ────
           4 6
```

❺
```
  エ 6
+ 5 キ      3 6
─────     + 5 6
  9 2      ────
           9 2
```

❻
```
  エ 7
+ 2 ケ      3 7
─────     + 2 8
  6 5      ────
           6 5
```

あんごうカード

ア:0 イ:1 ウ:2 エ:3 オ:4

カ:5 キ:6 ク:7 ケ:8 コ:9

―48―

---

47 たし算の 虫食い算 ③

【 月 日】 合かく 5こ ／ 計算 正答数 6こ こ

● 答えは 85 ページ

1 □に あてはまる 数を 書きましょう。

❶
```
  7 4
+ 5 3
─────
1 2 7
```

❷
```
  2 3
+ 8 6
─────
1 0 9
```

❸
```
  9 2
+ 7 2
─────
1 6 4
```

❹
```
  6 8
+ 8 3
─────
1 5 1
```

❺
```
  6 9
+ 3 4
─────
1 0 3
```

❻
```
  8 9
+ 9 7
─────
1 8 6
```

―49―

---

48 たし算の 虫食い算 ④

【 月 日】 合かく 5こ ／ コグトレ 正答数 6こ こ

● 答えは 85 ページ

コグトレ

▶あんごうカードを 見ながら □に あてはまる カタカナを 書きましょう。

❶
```
  ウ エ 4
+   1 カ      2 3 4
───────     +   1 5
  2 4 9      ──────
             2 4 9
```

❷
```
  3 2 イ
+   キ 3      3 2 1
───────     +   6 3
  エ 8 4      ──────
             3 8 4
```

❸
```
  カ カ 4
+   2 エ      5 5 4
───────     +   2 3
  5 7 7      ──────
             5 7 7
```

❹
```
  6 エ 8
+   3 エ      6 3 8
───────     +   3 3
  キ 7 1      ──────
             6 7 1
```

❺
```
  3 4 ク
+   オ 9      3 4 7
───────     +   4 9
  エ 9 6      ──────
             3 9 6
```

❻
```
  ケ 1 ク
+   エ 3      8 1 7
───────     +   3 3
  8 5 0      ──────
             8 5 0
```

あんごうカード

ア:0 イ:1 ウ:2 エ:3 オ:4

カ:5 キ:6 ク:7 ケ:8 コ:9

―50―

49 ひき算の 虫食い算①

合かく 5こ ／ 計算 正答数 ／6こ

○答えは86ページ

1 □に あてはまる 数を 書きましょう。

❶
```
   6 6
 - 5 1
 ─────
   1 5
```

❷
```
   8 5
 - 6 3
 ─────
   2 2
```

❸
```
   5 7
 - 1 6
 ─────
   4 1
```

❹
```
   8 9
 - 3 5
 ─────
   5 4
```

❺
```
   5 8
 - 2 4
 ─────
   3 4
```

❻
```
   9 7
 - 2 4
 ─────
   7 3
```

—51—

50 ひき算の 虫食い算②

合かく 5こ ／ コグトレ 正答数 ／6こ

○答えは86ページ

コグトレ

▶あんごうカードを 見ながら □に あてはまる カタカナを 書きましょう。

❶
```
   ケ 4       8 4
 - 3 キ     - 3 6
 ─────     ─────
   4 8       4 8
```

❷
```
   オ 3       4 3
 - 2 ケ     - 2 8
 ─────     ─────
   1 5       1 5
```

❸
```
   6 イ       6 1
 - エ 8     - 3 8
 ─────     ─────
   2 3       2 3
```

❹
```
   9 エ       9 3
 - カ 7     - 5 7
 ─────     ─────
   3 6       3 6
```

❺
```
   7 ア       7 0
 - オ 3     - 4 3
 ─────     ─────
   2 7       2 7
```

❻
```
   キ 6       6 6
 - 5 ク     - 5 7
 ─────     ─────
   9         9
```

あんごうカード

ア:0 イ:1 ウ:2 エ:3 オ:4

カ:5 キ:6 ク:7 ケ:8 コ:9

どれも くり下がりが あるよ。

—52—

51 ひき算の 虫食い算③

合かく 5こ ／ 計算 正答数 ／6こ

○答えは86ページ

1 □に あてはまる 数を 書きましょう。

❶
```
   1 3 6
 -   7 1
 ───────
     6 5
```

❷
```
   1 1 8
 -   3 6
 ───────
     8 2
```

❸
```
   1 1 9
 -   7 2
 ───────
     4 7
```

❹
```
   1 5 3
 -   6 4
 ───────
     8 9
```

❺
```
   1 4 0
 -   6 6
 ───────
     7 4
```

❻
```
   1 8 2
 -   8 4
 ───────
     9 8
```

—53—

52 ひき算の 虫食い算④

合かく 5こ ／ コグトレ 正答数 ／6こ

○答えは86ページ

コグトレ

▶あんごうカードを 見ながら □に あてはまる カタカナを 書きましょう。

❶
```
   1 0 エ      1 0 3
 -   カ 8     -   5 8
 ───────     ───────
     4 5          4 5
```

❷
```
   1 ア 6      1 0 6
 -   2 ク     -   2 7
 ───────     ───────
     7 9          7 9
```

❸
```
   イ 0 ア      1 0 0
 -   オ 3     -   4 3
 ───────     ───────
     5 7          5 7
```

❹
```
   オ 6 ク      4 6 7
 -   カ 2     -   5 2
 ───────     ───────
   4 1 5      4 1 5
```

❺
```
   ウ コ 1      2 9 1
 -     3 ウ   -     3 2
 ───────     ───────
   2 5 9      2 5 9
```

❻
```
   カ カ 3      5 5 3
 -     2 コ   -     2 9
 ───────     ───────
   5 2 4      5 2 4
```

あんごうカード

ア:0 イ:1 ウ:2 エ:3 オ:4

カ:5 キ:6 ク:7 ケ:8 コ:9

—54—

53 まとめ テスト ⑪

合かく 5こ / 計算 正答数 ___こ /6こ

● 答えは 87 ページ

1 □に あてはまる 数を 書きましょう。

❶
```
  7 7
- 4 2
─────
  3 5
```

❷
```
  3 9
+ 2 3
─────
  6 2
```

❸
```
  5 5
+ 2 6
─────
  8 1
```

❹
```
  5 1
- 1 7
─────
  3 4
```

❺
```
  9 2
- 4 4
─────
  4 8
```

❻
```
  5 7
+ 1 3
─────
  7 0
```

－55－

54 まとめ テスト ⑫

合かく 5こ / 計算 正答数 ___こ /6こ

● 答えは 87 ページ

1 □に あてはまる 数を 書きましょう。

❶
```
  1 1 5
+   5 8
───────
  1 7 3
```

❷
```
  1 3 4
-   5 6
───────
    7 8
```

❸
```
  1 2 3
-   7 4
───────
    4 9
```

❹
```
  5 1 9
+   6 8
───────
  5 8 7
```

❺
```
  2 0 6
+   6 7
───────
  2 7 3
```

❻
```
  6 7 0
-   5 4
───────
  6 1 6
```

－56－

55 かけ算 ①

合かく 10こ / 合かく 5こ / 計算 正答数 ___こ /12こ / コグトレ 正答数 ___こ /6こ

● 答えは 87 ページ

1 計算を しましょう。

❶ 5×7 = 35　❷ 5×6 = 30　❸ 5×8 = 40

❹ 5×1 = 5　❺ 5×5 = 25　❻ 5×3 = 15

❼ 5×9 = 45　❽ 5×8 = 40　❾ 5×2 = 10

❿ 5×5 = 25　⓫ 5×7 = 35　⓬ 5×4 = 20

＋コグトレ

▶ たて，よこ，ななめの 2つの 数字を かけると つぎの 数に なる ものを さがして，◯で かこみましょう。

❶ 15　　❷ 25　　❸ 45

❹ 10

❺ 20

❻ 30

```
  7  8
  5  6
```

－57－

56 かけ算 ②

合かく 10こ / 合かく 5こ / 計算 正答数 ___こ /12こ / コグトレ 正答数 ___こ /6こ

● 答えは 87 ページ

1 計算を しましょう。

❶ 2×6 = 12　❷ 2×8 = 16　❸ 2×1 = 2

❹ 2×3 = 6　❺ 2×5 = 10　❻ 2×9 = 18

❼ 2×2 = 4　❽ 2×7 = 14　❾ 2×8 = 16

❿ 2×6 = 12　⓫ 2×4 = 8　⓬ 2×1 = 2

＋コグトレ

▶ たて，よこ，ななめの 2つの 数字を かけると つぎの 数に なる ものを さがして，◯で かこみましょう。

❶ 4　　❷ 10　　❸ 16

❹ 6

❺ 14

❻ 18

－58－

57 か'け算 ③

❶ 計算を しましょう。

❶ 3×3 = 9　❷ 3×4 = 12　❸ 3×8 = 24

❹ 3×7 = 21　❺ 3×9 = 27　❻ 3×6 = 18

❼ 3×2 = 6　❽ 3×5 = 15　❾ 3×7 = 21

❿ 3×4 = 12　⓫ 3×1 = 3　⓬ 3×3 = 9

＋コグトレ

▶たて, よこ, ななめの 2つの 数字を かけると つぎの 数に なる ものを さがして, ◯で かこみましょう。

❶ 9 　❷ 15 　❸ 18

❹ 18 　❺ 24 　❻ 27

---

58 か'け算 ④

❶ 計算を しましょう。

❶ 4×3 = 12　❷ 4×7 = 28　❸ 4×5 = 20

❹ 4×6 = 24　❺ 4×8 = 32　❻ 4×9 = 36

❼ 4×4 = 16　❽ 4×5 = 20　❾ 4×1 = 4

❿ 4×2 = 8　⓫ 4×3 = 12　⓬ 4×7 = 28

＋コグトレ

▶たて, よこ, ななめの 2つの 数字を かけると つぎの 数に なる ものを さがして, ◯で かこみましょう。

❶ 8 　❷ 16 　❸ 24

❹ 24 　❺ 28 　❻ 36

---

59 か'け算 ⑤

❶ 計算を しましょう。

❶ 6×3 = 18　❷ 6×9 = 54　❸ 6×6 = 36

❹ 6×4 = 24　❺ 6×8 = 48　❻ 6×7 = 42

❼ 6×2 = 12　❽ 6×4 = 24　❾ 6×5 = 30

❿ 6×6 = 36　⓫ 6×1 = 6　⓬ 6×9 = 54

＋コグトレ

▶たて, よこ, ななめの 2つの 数字を かけると つぎの 数に なる ものを さがして, ◯で かこみましょう。

❶ 12 　❷ 18 　❸ 30

❹ 36 　❺ 36 　❻ 48

---

60 か'け算 ⑥

❶ 計算を しましょう。

❶ 7×3 = 21　❷ 7×8 = 56　❸ 7×9 = 63

❹ 7×5 = 35　❺ 7×2 = 14　❻ 7×6 = 42

❼ 7×1 = 7　❽ 7×7 = 49　❾ 7×3 = 21

❿ 7×4 = 28　⓫ 7×5 = 35　⓬ 7×9 = 63

＋コグトレ

▶たて, よこ, ななめの 2つの 数字を かけると つぎの 数に なる ものを さがして, ◯で かこみましょう。

❶ 14 　❷ 27 　❸ 35

❹ 48 　❺ 49 　❻ 56

61 かけ算 ⑦

○答えは 89 ページ

1 計算を しましょう。

❶ 8×8＝64　❷ 8×2＝16　❸ 8×6＝48

❹ 8×5＝40　❺ 8×7＝56　❻ 8×4＝32

❼ 8×9＝72　❽ 8×1＝8　❾ 8×3＝24

❿ 8×2＝16　⓫ 8×8＝64　⓬ 8×5＝40

＋コグトレ

▶ たて，よこ，ななめの 2つの 数字を かけると つぎの 数に なる ものを さがして，◯◯で かこみましょう。

❶ 8 　❷ 16 　❸ 24

❹ 24 　❺ 48　❻ 64

—63—

---

62 かけ算 ⑧

【 月 日】
○答えは 89 ページ

1 計算を しましょう。

❶ 9×4＝36　❷ 9×8＝72　❸ 9×6＝54

❹ 9×9＝81　❺ 9×5＝45　❻ 9×7＝63

❼ 9×2＝18　❽ 9×3＝27　❾ 9×8＝72

❿ 9×4＝36　⓫ 9×1＝9　⓬ 9×6＝54

＋コグトレ

▶ たて，よこ，ななめの 2つの 数字を かけると つぎの 数に なる ものを さがして，◯◯で かこみましょう。

❶ 9 　❷ 18 　❸ 27

❹ 36 　❺ 54 　❻ 81

—64—

---

63 かけ算 ⑨

【 月 日】
○答えは 89 ページ

1 計算を しましょう。

❶ 1×5＝5　❷ 1×7＝7　❸ 1×6＝6

❹ 1×3＝3　❺ 1×2＝2　❻ 1×8＝8

❼ 1×4＝4　❽ 1×1＝1　❾ 1×6＝6

❿ 1×3＝3　⓫ 1×9＝9　⓬ 1×5＝5

＋コグトレ

▶ たて，よこ，ななめの 2つの 数字を かけると つぎの 数に なる ものを さがして，◯◯で かこみましょう。

❶ 12 　❷ 16 　❸ 18

❹ 24　❺ 12 　❻ 27

—65—

---

64 かけ算 ⑩

【 月 日】
合かく 8こ 計算 正答数 9こ
○答えは 89 ページ

1 □に あてはまる 数を 書きましょう。

❶ 6×4 は 6×3 より 6 大きい。

❷ 8×7 は 8×6 より 8 大きい。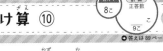

❸ 3×5 は 3×4 より 3 大きい。

❹ 5×6 は 5× 5 より 5 大きい。

❺ 2×9 は 2× 8 より 2 大きい。

❻ 4×5＝5× 4

❼ 7×2＝2× 7

❽ 9×1＝1× 9

❾ 1×3＝3× 1

—66—

—89—

65 かけ算 ⑪

答えは 90 ページ

コグトレ

▶ 計算を しましょう。計算した あとに, 数が 大きい じゅんに もんだいの 番ごうを 書きましょう。

❶ 2×11 = 22

❷ 4×12 = 48

❸ 3×10 = 30

❹ 5×11 = 55

❺ 12×3 = 36

❻ 11×4 = 44

❼ 13×2 = 26

大きい　　　　　　小さい

(❹)(❷)(❻)(❺)(❸)(❼)(❶)

－67－

---

66 1000を こえる 数 ①

答えは 90 ページ

1 □に あてはまる 数を 書きましょう。

❶ 1000 を 3こ, 100 を 5こ 合わせた 数は 3500 です。

❷ 1000 を 5こ, 10 を 2こ 合わせた 数は 5020 です。

❸ 1000 を 6こ, 1 を 7こ 合わせた 数は 6007 です。

❹ 1000 を 7こ, 100 を 3こ, 10 を 5こ 合わせた 数は 7350 です。

❺ 5168 は, 1000 を 5 こ, 100 を 1 こ, 10 を 6 こ, 1 を 8 こ 合わせた 数です。

－68－

---

67 1000を こえる 数 ②

答えは 90 ページ

コグトレ

▶ □に あてはまる 数を 書きましょう。書いた あとに, 数が 大きい じゅんに もんだいの 番ごうを 書きましょう。❺は 6000, ❻は 7000 とします。

❶ 1000 を 7こ あつめた 数は 7000 です。

❷ 100 を 50こ あつめた 数は 5000 です。

❸ 100 を 35こ あつめた 数は 3500 です。

❹ 1000 を 10こ あつめた 数は 10000 です。

❺ 6000 は, 1000 を 6 こ あつめた 数です。

❻ 7000 は, 100 を 70 こ あつめた 数です。

大きい　　　　　　小さい

(❹)(❶)(❺)(❷)(❸)
(❻)

－69－

---

68 1000を こえる 数 ③

答えは 90 ページ

コグトレ

▶ 計算を しましょう。計算した あとに, 数が 大きい じゅんに もんだいの 番ごうを 書きましょう。

❶ 500+600 = 1100　❷ 400+800 = 1200　❸ 900+200 = 1100

❹ 600+700 = 1300　❺ 500+800 = 1300　❻ 300+900 = 1200

❼ 2000+3000 = 5000　❽ 5000+2000 = 7000　❾ 1200−300 = 900

❿ 1400−900 = 500　⓫ 1100−800 = 300　⓬ 1500−700 = 800

⓭ 6000−2000 = 4000　⓮ 9000−5000 = 4000

大きい　　　　　　小さい

(❽)(❼)(⓭)(❹)(❷)(❶)(❾)(⓬)(❿)(⓫)
(⓮)(❺)(❻)(❸)

－70－

69 まとめテスト ⑬

【 月 日】 合かく 12こ 計算 正答数 /14こ
●答えは 91 ページ

1 計算を しましょう。

❶ 2×2 = 4　　　　❷ 8×3 = 24

❸ 5×7 = 35　　　　❹ 3×6 = 18

❺ 6×9 = 54　　　　❻ 1×2 = 2

❼ 7×6 = 42　　　　❽ 2×4 = 8

❾ 4×3 = 12　　　　❿ 9×7 = 63

⓫ 5×5 = 25　　　　⓬ 6×5 = 30

⓭ 12×3 = 36　　　　⓮ 11×4 = 44

－71－

70 まとめテスト ⑭

【 月 日】 合かく 5こ 計算 正答数 /6こ
●答えは 91 ページ

1 ◯に あてはまる 数を 書きましょう。

❶ 1000 を 4 こ, 100 を 3 こ 合わせた 数は 4300 です。

❷ 1000 を 8 こ, 10 を 2 こ 合わせた 数は 8020 です。

❸ 3724 は, 1000 を 3 こ, 100 を 7 こ, 10 を 2 こ, 1 を 4 こ 合わせた 数です。

❹ 100 を 24 こ あつめた 数は 2400 です。

❺ 5400 は, 100 を 54 こ あつめた 数です。

❻ 10000 は, 100 を 100 こ あつめた 数です。

－72－

学しゅうの記ろく

たん元番ごう	べんきょうした日	計算正答数	コグトレ正答数
1	月／日	合かく12こ	
2	月／日	合かく12こ	合かく5こ
3	月／日	合かく12こ	
4	月／日	合かく12こ	合かく5こ
5	月／日	合かく12こ	
6	月／日	合かく12こ	
7	月／日	合かく10こ	
8	月／日	合かく10こ	合かく5こ
9	月／日	合かく6こ	合かく3こ
10	月／日	合かく10こ	
11	月／日	合かく10こ	合かく5こ
12	月／日	合かく6こ	合かく3こ
13	月／日	合かく10こ	
14	月／日	合かく10こ	
15	月／日	合かく6こ	合かく5こ
16	月／日	合かく6こ	合かく5こ
17	月／日	合かく6こ	合かく5こ
18	月／日	合かく6こ	合かく5こ
19	月／日	合かく5こ	合かく2こ
20	月／日	合かく5こ	合かく4こ
21	月／日	合かく6こ	
22	月／日	合かく5こ	
23	月／日	合かく5こ	
24	月／日	合かく6こ	合かく5こ

たん元番ごう	べんきょうした日	計算正答数	コグトレ正答数
25	月／日	合かく12こ	合かく12こ
26	月／日	合かく12こ	合かく12こ
27	月／日	合かく6こ	合かく6こ
28	月／日	合かく6こ	合かく6こ
29	月／日	合かく12こ	
30	月／日	合かく8こ	合かく4こ
31	月／日	合かく5こ	
32	月／日	合かく12こ	
33	月／日	合かく10こ	
34	月／日	合かく6こ	合かく3こ
35	月／日		合かく5こ
36	月／日	合かく6こ	合かく3こ
37	月／日	合かく8こ	
38	月／日	合かく6こ	合かく3こ
39	月／日	合かく10こ	
40	月／日	合かく6こ	合かく3こ
41	月／日	合かく6こ	合かく3こ
42	月／日	合かく6こ	合かく3こ
43	月／日	合かく10こ	
44	月／日	合かく10こ	
45	月／日	合かく5こ	
46	月／日		合かく5こ
47	月／日	合かく5こ	
48	月／日	合かく5こ	

たん元番ごう	べんきょうした日	計算正答数	コグトレ正答数
49	月／日	合かく5こ	
50	月／日		合かく5こ
51	月／日	合かく5こ	
52	月／日		合かく5こ
53	月／日	合かく5こ	
54	月／日	合かく5こ	
55	月／日	合かく10こ	合かく5こ
56	月／日	合かく10こ	合かく5こ
57	月／日	合かく10こ	合かく5こ
58	月／日	合かく10こ	合かく5こ
59	月／日	合かく10こ	合かく5こ
60	月／日	合かく10こ	合かく5こ
61	月／日	合かく10こ	合かく5こ
62	月／日	合かく10こ	合かく5こ
63	月／日	合かく10こ	
64	月／日	合かく8こ	
65	月／日		合かく12こ
66	月／日	合かく4こ	
67	月／日		合かく10こ
68	月／日		合かく24こ
69	月／日	合かく12こ	
70	月／日	合かく5こ	